Martin Dunkl

Corporate Code

Wege zu einer klaren und unverwechselbaren Unternehmenssprache

Springer Gabler

Martin Dunkl
Pernitz, Österreich

ISBN 978-3-658-05375-8   ISBN 978-3-658-05376-5 (eBook)
DOI 10.1007/978-3-658-05376-5

Die Deutsche Nationalbibliothek verzeichnet diese Publikation in der Deutschen Nationalbibliografie; detaillierte bibliografische Daten sind im Internet über http://dnb.d-nb.de abrufbar.

Springer Gabler
© Springer Fachmedien Wiesbaden 2015

Gedruckt auf säurefreiem und chlorfrei gebleichtem Papier

Springer Fachmedien Wiesbaden ist Teil der Fachverlagsgruppe Springer Science+Business Media
(www.springer.com)

Vorwort

Bereits in meiner Jugend erfuhr ich die wichtige Rolle von Sprache für soziale Gruppen. Als Kind österreichischer Eltern erlebte ich meine ersten sechs Jahre im hessischen Frankfurt. Meine Schulzeit verbrachte ich im schwäbischen Stuttgart und die Studienzeit in Wien. Jeder Wohnsitzwechsel war anfangs mit mehr oder weniger gesellschaftlicher Ausgrenzung verbunden. Das Idiom meiner jeweiligen Herkunft stigmatisierte mich als Fremdling. Schnell lernte ich mich sprachlich anzupassen. Während meiner Studien–und Zivildienstzeit kam ich mit neuen Gruppen in Kontakt. Wieder lernte ich neue Sprachvarietäten kennen – beim Lernen mit Akademikern, beim Wasserballspielen mit Arbeitern und beim Zivildienst mit sozial benachteiligten Kindern. Später war ich mit einer Französin verheiratet und seit vielen Jahren treffe ich im Rahmen meiner Unterrichtstätigkeit auf Studierende aus allen Sphären. So habe ich die Fähigkeit entwickelt, mir sehr schnell neue Dialekte und Codes anzueignen. Und ich habe eine Entdeckung gemacht: Eine gemeinsame Sprache kann Gruppen zusammenhalten und sie erkennbar machen. Jede soziale Gruppe verfügt über ihre eigene Sprachvarietät, spricht einen charakteristischen Soziolekt.

Nicht nur soziale Gruppen verfügen über spezifische Sprachmerkmale, auch einzelne Menschen lassen sich an ihrem Sprachstil erkennen. Es gibt Wort–und Satzbildungen sowie Schlüsselbegriffe, die auch in geschriebener Form die Herkunft eines Autors verraten. Diese Tatsache nutzt die Sprachforensik, indem sie durch die sprachwissenschaftliche Analyse von Erpresserbriefen oder Drohanrufen Täter über typische Sprachmuster entlarvt. Die Wochenzeitung *Die Zeit* beschreibt die Arbeit von forensischen Linguisten:

> „Bei schweren Verbrechen landen anonyme Texte im Kriminaltechnischen Institut des Bundeskriminalamts in Wiesbaden. (...) So wie Techniker Geschosse analysieren, nehmen forensische Linguisten das ‚Tatwerkzeug‘ Sprache unter die Lupe, um daraus Hinweise über den Autor zu gewinnen. (...) Die Linguisten konzentrieren sich auf Wortschatz, Satzbau, grammatische Formen, Orthographie oder Interpunktion. (...) Nicht selten legen Autoren falsche Fährten, um ihre Identität zu verschleiern. Beliebt sind absichtliche Fehler, um einen Migrationshintergrund oder ein bildungsfernes Milieu vorzutäuschen" (Die Zeit, 25.12.2013: S. 27).

Sprache ist also ein mächtiges Instrument und gibt gleichzeitig Auskunft über ihre Produzenten. Unternehmen und Institutionen können die Sprache nutzen, um nach außen geschlossen und überzeugend aufzutreten. Ziel dieses Buches ist es, Unternehmen und Organisationen den Weg zu zeigen, auf dem sie zu einem unverwechselbaren Sprachstil gelangen können und wie sie diesen pflegen und weiterentwickeln können.

Wien, November 2014   Martin Dunkl

Danke!

Meiner Fau Christine verdanke ich die Entdeckung der Gesprächstherapie, deren Erkenntnisse und Methoden wichtiger Bestandteil von Corporate Code sind.

Großer Dank gebührt meinem sprachwissenschaftlichen Berater Dr. Manfred Glauninger. Er hat mir viele wertvolle Hinweise gegeben und meine Irrtümer und Missverständnisse geduldig aufgeklärt. Auch Dr. Stephan Winterstein stand mir als sprachwissenschaftlicher Experte verlässlich und erhellend zur Seite.

Für die juristische Beratung beim schwer verständlichen Beispiel des Erbrechtsparagrafen danke ich Rechtsanwalt Stephan Hieber. Susanne Oberholzer danke ich für deutschschweizer Spezialitäten.

Ohne die geduldige Unterstützung von Michael J. Wasserbauer und Stephanie Scheubrein von der D.A.S. Rechtsschutz AG wäre dieses Buch nicht möglich gewesen.

Gudrun-Johanna Korec-Neszmerak danke ich für ihren Mut, mir seinerzeit den ersten Corporate-Code-Auftrag erteilt zu haben.

Inhaltsverzeichnis

Einleitung

Jede gesellschaftliche Gruppe besitzt ihre eigene charakteristische Sprachvarietät. Gruppen müssen sich nicht geografisch oder national unterscheiden. Gruppen können sich auch aufgrund gemeinsamer privater, weltanschaulicher oder beruflicher Interessen bilden. Dabei können Menschen, die in der Regel mehreren, zum Teil sehr unterschiedlichen Gruppen angehören, auch zwischen mehreren Soziolekten wechseln, je nach Umständen und Anlass. Wer als Richter beruflich die juristische Fachsprache verwendet, wird beim Tennis mit Freunden anders sprechen. Aber gibt es überhaupt *die* Fachsprache, *das* Juristendeutsch? Ein Richter wird als Rechtsprofessor im Hörsaal anders zu seinen Studierenden sprechen als zu Fachkollegen auf einem Juristenkongress. Sein Skriptum wird er wiederum anders abfassen als den Artikel in einer Fachzeitschrift. Berufliche Fachsprachen verfügen über eine hohe Anzahl von genau definierten Fachwörtern. Ein solches differenziertes Vokabular ist in Fachkreisen notwendig, umgangssprachlich jedoch nicht. Die Sprachwissenschaft nennt soziale Gruppensprachen Soziolekte oder Codes. Codes helfen, Gruppen nach innen zusammenzuschließen und nach außen abzugrenzen und darzustellen. Bekannte Soziolekte sind z. B. der Jugendslang, die Jägersprache oder die Sprachen von Menschen mit Migrationshintergrund.

Wie sieht es mit den Codes von Vereinen, Religionsgemeinschaften, Behörden und Unternehmen aus? Auch sie sind soziale Gruppen und haben ihren jeweils spezifischen Code entwickelt. Solche Gruppen sind selten homogen. In einem Unternehmen sind nicht alle Mitarbeitenden gleich. Die einen sind Gewerkschaftsmitglieder, die anderen nicht; die meisten sind vollbeschäftigt, manche arbeiten Teilzeit; wenige bekleiden eine Führungsposition, viele arbeiten in Linienpositionen; die einen duzen sich, die anderen siezen sich. Und leider gibt es mitunter Abteilungen, die in ein und demselben Unternehmen ein Konkurrenzverhältnis pflegen. Jeder wählt aus einem Setting von sprachlichen Möglichkeiten. Jeder spricht so, wie er es für seine Zwecke benötigt und für angemessen hält. Wie schafft es da ein Unternehmen, eine erkennbare unternehmenstypische Sprache zu sprechen? E-Mails, Gebrauchsanleitungen, Presseaussendungen und Werbetexte verlangen einen einheitlichen Sprachstil. Das gilt auch für Antworten am Servicetelefon und für alle anderen Gespräche, die mit Kunden oder Lieferanten geführt werden. Die Ratgeberliteratur für Sprachstil ist umfangreich.

Aber kaum eines dieser Werke geht auf die Unterschiedlichkeit und Erkennbarkeit von Unternehmen ein. Schreibratgeber unterscheiden nicht, ob für einen Rentenfonds geschrieben wird oder für einen Surfboard-Webshop. Die Unterschiede erkennen, beschreiben und Unternehmensstandardsprache in erkennbaren unternehmenstypischen Sprachstil umwandeln, das kann Corporate Code.

Sprache ist ein System von Zeichen. Unter den kommunikativen Systemen ist die Sprache das leistungsfähigste. Neben den gesprochenen und den geschriebenen sprachlichen Zeichen gibt es auch nonverbale Zeichensysteme. Dazu gehören Mimik, Gestik oder auch Rauch–und Flaggenzeichen. Corporate Code lässt sich grundsätzlich in der gesprochenen und in der geschriebenen Sprache einsetzen. Aber dieses Buch kann nicht alle Teilgebiete von Sprache ausloten. Es soll ein praxistauglicher Ratgeber sein, für alle, die in Unternehmen und Institutionen Texte produzieren. Deshalb rücke ich diejenigen Textsorten in den Vordergrund, die die meisten Berufstätigen bei ihrer täglichen Arbeit einsetzen: Briefe und E-Mails.

Die gesprochene Sprache, z. B. in Verkaufsgespräch, Vertragsverhandlung, Kundendiensttelefonat oder offizieller Ansprache, behandle ich nur kursorisch. Der Rahmen meines Buches soll nicht gesprengt werden. Ich plane ein Werk über Corporate Code in der gesprochenen Sprache, bei Telefonaten, Verhandlungen, Interviews, Präsentationen und offiziellen Ansprachen. Darin werde ich auch die Körpersprache berücksichtigen.

Ein Buch über Sprache für den Berufsalltag muss selbstverständlich auch die Frage des Genderns behandeln. Welche Lösungen sind praxisgerecht? Die weitreichendste Lösung besteht in der Paarform, bei der immer beide Geschlechterformen verwendet werden: *Leserinnen und Leser*. Deklinations–und andere Probleme bringt hingegen das typografisch unschöne Binnen-I: *LeserInnen*. Gut geeignet ist das substantivierte Partizip: *Lesende*. Auch neutrales Umschreiben ist möglich: *Leserschaft, alle, die das Buch gelesen haben* usw. Jedes Unternehmen muss in seinem Corporate Code festlegen, ob und wie gegendert werden soll. Im Kapitel *Empfängerorientierung* (S.129) biete ich eine breite Palette an Möglichkeiten für geschlechtsneutralen Schreibstil. Mich als Autor dieses Werks trifft hier besondere Verantwortung. Gendern bedient sich der Irritation: Durch auffälliges Hervorheben der beiden Geschlechter wird der Lesefluss behindert. Diese Behinderung ist gender-taktisch erwünscht, denn damit wird, gleich Stolpersteinen, auf gesellschaftliche Ungleichheit und Ungerechtigkeit hingewiesen. Eine extreme Form des Genderns ist die Bevorzugung der weiblichen Form, unter Weglassung der gewohnten männlichen Form. (Nebenbei bemerkt, ist dies ein weiterer Beweis für das Funktionieren von Corporate Code: Sprachstil macht die ideellen Werte von Autoren erkennbar!) Leider sind längere Sätze, Nominal–und Passivkonstruktionen eine unvermeidliche Folge des Genderns. Somit führt Gendern zu schlechterer Verständlichkeit. Damit auch Menschen mit Lernbehinderung einen Text verstehen können, verlangt die Leichte Sprache (S.58) sogar, gänzlich auf das Gendern zu verzichten. Auch ich habe mich nach langem Ringen entschlossen, nicht durchgängig zu gendern, um flüssiges Lesen zu ermöglichen. Wo es passt, verwende ich die Paarform. Zumeist habe ich umschrieben oder das substantivierte Partizip genutzt.

Die folgenden drei Kapitel dieses Buches entsprechen den drei Säulen von Corporate Code: Verständlichkeit, Empfängerorientierung und Erkennbarkeit. Jedes Kapitel besteht aus einem einführenden theoretischen Kapitel und einem Praxisteil mit Vorher-Nachher-Beispielen.

Die praktischen Beispiele und Schreibübungen zu Corporate Code konzentrieren sich in diesem Werk auf die geschriebene Sprache und dort insbesondere auf Korrespondenztexte. Dies, weil heutzutage praktisch jeder Angestellte korrespondiert, zumeist per E-Mail. Noch vor wenigen Jahren ging jeder Brief über den Tisch eines Sekretariats, wodurch automatisch ein gewisses Maß an unternehmenstypischem Sprachstil gewährleistet war. Corporate Code unterscheidet nicht mehr zwischen Briefen und E-Mails, denn in den meisten Unternehmen werden kaum noch Postbriefe geschrieben. Die schriftliche Korrespondenz erfolgt heute per Mail und die formalen Regeln für Briefe sind auf E-Mails übergegangen. Auf die wenigen Unterschiede zwischen E-Mail und Postbrief wird im Rahmen des E-Mail-Knigges im Kapitel *Empfängerorientierung* (S.124) gesondert eingegangen.

Um Zitate von Textbeispielen unterscheiden zu können, habe ich die Textbeispiele *kursiv* gesetzt. Negativen, zu vermeidenden Textbeispielen habe ich ein Stern *vorangestellt*. Zitate stehen zwischen „Anführungszeichen“.

Corporate Code ist für den gesamten deutschsprachigen Raum verfasst, aufgrund meines Betätigungsfeldes und meiner Erfahrung sind aber die Fallbeispiele aus Österreich.

Wie Sie dieses Buch lesen können:
Dieses Buch ist ein Praxisratgeber und kein sprachwissenschaftliches Fachbuch. Dennoch halte ich es für nötig, meine in vielen Sprachstilprojekten und Schreibworkshops gesammelten Erfahrungen theoretisch zu untermauern. Jedes Kapitel dieses Buches beginnt mit einem theoretischen Teil, in dem die wissenschaftlichen und historischen Hintergründe des Themas aufbereitet werden. Danach erkläre ich, wie diese Erkennt-

nisse im Corporate Code genutzt werden. Der letzte Teil jedes Kapitels bietet Ihnen die Möglichkeit, anhand von Vorher-Nachher-Übungen Ihr neues Wissen auszuprobieren. Legen Sie sich einen Bleistift zurecht!

Sie müssen die großen Kapitel nicht in der von mir gewählten Reihenfolge lesen:

Wenn Sie bereits neugierig sind auf die Erkennbarkeit von Unternehmen anhand ihres Sprachstils, dann beginnen Sie gleich mit dem Kapitel *Erkennbarkeit* ab S. 137.

Wenn Sie erfahren möchten, wie Corporate Code im Konzept der Corporate Identity funktioniert, beginnen Sie hier.

Wenn Sie lernen möchten, wie man verständlich formuliert, lesen Sie das Kapitel *Verständlichkeit* ab S. 41.

Wenn Sie sich fragen, wie Sie auch heikle Briefe erfolgreich meistern können, lesen Sie Kapitel *Empfängerorientierung* ab S. 89.

Wenn Sie wissen möchten, wie man einen Corporate-Code-Prozess im Unternehmen einführt, abwickelt und kontrolliert, starten Sie auf S. 187.

Wenn Sie erfahren möchten, wie der Corporate-Code-Prozess bei der D.A.S. Rechtsschutz AG gestaltet worden ist, lesen Sie die Fallstudie ab S. 201.

1. Corporate Code
– der unternehmenstypische Sprachstil

Produkte und Dienstleistungen werden immer ähnlicher und damit austauschbar. Die Möglichkeiten zur Differenzierung durch Design, Werbung und Service sind aber noch nicht ausgenutzt. Hier bietet sich unsere Sprache als Differenzierungsstrategie an. So machen sich in jüngster Zeit immer mehr Unternehmen Gedanken über ihren Sprachstil. Schon immer boten Sprachratgeber Regeln und Tipps, wie man Briefe, E-Mails, Vereinbarungen, Gebrauchsanleitungen etc. verständlich formulieren kann. Nun aber sollen Unternehmenstexte – und das ist neu – auch in erkennbarer unternehmenstypischer Sprache formuliert werden. Corporate Code ist dafür die ideale Methode.

Nur wenigen Unternehmen ist es bisher gelungen, einen einheitlichen und unverwechselbaren Sprachstil zu entwickeln und auch konsequent anzuwenden. Einen besonders hohen Grad an solcher Markiertheit erreicht der schwedische Möbelkonzern IKEA, dessen konsequente Du-Anrede in Kombination mit typisch schwedisch klingenden Produktbezeichnungen (*Böja, Ektorp, Jansjö, Malm, Klippan* etc.) einen klaren Corporate Code verrät. Produktbezeichnungen und insbesondere Markennamen sind die stärksten Erkennungsmerkmale eines Unternehmens. Diese und eine Fülle weiterer Erkennungsmerkmale nenne ich Corporate-Code-Marker. Ich stelle sie im Kapitel *Erkennbarkeit* vor.

Jede Mitarbeiterin und jeder Mitarbeiter ist Botschafter seines Unternehmens. Wenn jeder schreibt wie er will, schwächt er das Firmenimage. Auch bürokratische Floskeln passen nicht zu einem zeitgemäßen Unternehmen. Corporate Code bietet, aufbauend auf psycho–und soziolinguistischen Erkenntnissen und auf den Methoden der klientenzentrierten Gesprächstherapie sowie auf den Erkenntnissen der Verständlichkeitsforschung, ein Set an Methoden und Werkzeugen zur Erreichung eines unternehmenstypischen Sprachstils.

Corporate Code ist neben seiner imagebildenden Funktion auch ein integrativer Faktor im Unternehmen. Corporate Code hilft den Mitarbeitenden unterschiedlicher

Unternehmensbereiche, sich selbst durch ihren Sprachstil zu erkennen und zu definieren. Bei Unternehmensfusionen prallen oftmals unterschiedliche Kulturen aufeinander. Hier kann ein gemeinsamer Corporate Code eine festigende Rolle spielen. Gleichzeitig ermöglicht Corporate Code den unterschiedlichen Stakeholdern, das Unternehmen von außen einheitlich wahrzunehmen. Der Mensch in der postmodernen Gesellschaft hat multiple Zugehörigkeit zu sozialen Gruppen. Corporate Code wölbt sich über diese Multikultur und ermöglicht so deren Zusammenhalt und Solidarität.

Der Begriff Corporate Code

Der Begriff Corporate Code ist aus der Soziolinguistik abgeleitet. Der Duden erklärt Code als „System verabredeter Zeichen" und bietet auch die Schreibweise *Kode* an. Die Wissensplattform Wikipedia erklärt: „In der Sprache selbst wiederum ist ein Code ein Merkmal der verbalen Kommunikation; in der Soziolinguistik der Soziolekt" (http://de.wikipedia.org/wiki/Code, 25.08.2014). Als Soziolekte oder Codes werden die Sprachvarietäten sozialer Gruppen bezeichnet. Umgangssprachlich werden Soziolekte auch als *Sprache* bezeichnet, wie z. B. Juristensprache, Jugendsprache oder Jägersprache.

Codes sind notwendig, um soziale Gruppen voneinander auch sprachlich zu unterscheiden. Wer den Code nicht kennt, bleibt ausgegrenzt. Wer den Code beherrscht, gehört dazu. Auch nichtsprachliche Zeichen sind Teil des Codes: auffällige Kleidung, auf die Haut tätowierte und auf Aufkleber gedruckte Symbole oder Rituale wie Begrüßungszeremonielle. Für den Soziolekt türkischstämmiger Migranten in Deutschland schuf der Schriftsteller Feridun Zaimoglu den Ausdruck *Kanak Sprak*. (Zaimoglu meint den Ausdruck *Kanake* nicht herabwürdigend, sondern ironisch wertschätzend, vergleichbar mit der trotzigen Selbstbezeichnung *Nigger* durch nordamerikanische Schwarze.)

> „Der Kanake spricht seine Muttersprache nur fehlerhaft, auch das ‚Alemannisch' ist ihm nur bedingt geläufig. (...) Diese Sprache entscheidet über die Existenz: Man gibt eine ganz und gar private Vorstellung in Worten. (...) Die reiche Gebärdensprache des Kanaken geht dabei von einer Grundpose aus, der sogenannten ‚Ankerstellung': Die weit ausholenden Arme, das geerdete linke Standbein und das mit der Schuhspitze scharrende rechte Spielbein bedeuten dem Gegenüber, dass der Kanake in diesem Augenblick auf eine rege Unterhaltung großen Wert legt. Ballt der Kanake beispielsweise die rechte Faust, um sie blitzschnell zu öffnen und die Hand zu fächern, will er seine Missbilligung oder seine Enttäuschung zum Ausdruck bringen" (Zaimoglu 1998: S. 13).

Corporate Code beschäftigt sich mit sprachlichen Codes in der Unternehmenskommunikation und gilt sowohl für die schriftliche als auch für die gesprochene Sprache. Als Erweiterung der üblichen Unternehmensstandardsprache ermöglicht Corporate Code unverwechselbaren und unternehmenstypischen Sprachstil.

Sagt man *der Corporate Code*, oder, ohne Artikel, *Corporate Code*? Wenn vor Corporate Code der Artikel *der* gesetzt wird, ist der spezifische Code eines bestimmten Unternehmens gemeint. Wenn der Artikel fehlt, ist die Methode generell gemeint.

Ein spezifischer Code:
Der Corporate Code von Mercedes-Benz ist auch im Internet nachzulesen.

Code generell:
Corporate Code ist ein Umsetzungsinstrument der Corporate Identity.

Das Wort *Corporate* in Corporate Code verweist auf den institutionellen Bereich, also auf Unternehmen, Vereine, Parteien, Behörden, Regierungen, Ausbildungsstätten und sonstige Organisationen. Corporate Code dient vor allem Unternehmen und Institutionen. Mehr noch als homogene soziale (Interessen-)Gruppen, benötigen Firmen und Institutionen einen gruppenspezifischen Sprachcode, weil ihre Mitglieder aus unterschiedlichen gesellschaftlichen Schichten kommen, über unterschiedlich hohe Ausbildungsniveaus verfügen und in unterschiedlichen Hierarchiestufen arbeiten. Es gilt, Führungskräfte und Untergebene, Stab und Linie, Angestellte und Zeitarbeitende, Auszubildende und Akademiker, Techniker und Juristen, Verkäufer und Verwalter im selben Unternehmen auf eine einheitliche Sprache zu bringen. Damit ist Corporate Code ein wichtiger integrativer Faktor im Unternehmen.

Restringierter und elaborierter Code

Der britische Soziolinguist Basil Bernstein entwickelte in den 1950er-Jahren die Defizithypothese, dass Angehörige der Mittel–und Oberschicht eine hoch entwickelte Sprache verwenden, den *elaborierten Code*. Dieser werde von der Unterschicht nicht beherrscht. Die Sprache von Angehörigen bildungsferner Schichten nannte er *restringierter Code*. Erst das Beherrschen des elaborierten Codes ermögliche laut Bernstein die volle gesellschaftliche Teilnahme. Heute geht man von einer Differenzhypothese aus und beschreibt den restringierten Code als eine Sprachalternative und nicht als etwas Schlechteres.

Genetischer Code der Marke®

Über Code wird auch in der Biologie gesprochen, nämlich im Fall des genetischen Codes. Die Analogie von Corporate Code und genetischem Code ist beabsichtigt. In der Biologie bestimmt der genetische Code die Zellentwicklung des Lebewesens. Im Rahmen der Corporate Identity bestimmt Corporate Code die Ausformung des unternehmenstypischen Sprachstils. Das Genfer Institut für Markentechnik spricht vom Genetischen Code der Marke®, der im Markenkern eines Produkts oder einer Dienstleistung liegt. Das Genfer Markeninstitut hat diesen Begriff als Wortmarke geschützt.

„Jede Marke hat ihre eigenen, einzigartigen Erfolgsursachen. Sie zu erkennen und zur Wirkung zu bringen, ist die höchste Aufgabe des Markenmanagements. Herkömmliche Methoden im Brand-Management haben meist nur die Designaspekte der Marke berücksichtigt (bspw. CD-Manuals). Weitergehende Ansätze waren abstrakt (wie Firmenleitbilder) oder lieferten Soft Facts (Imageanalysen), die für die tägliche Unternehmensführung nicht tauglich sind. Anders der Genetische Code der Marke: Er ist das erste Analyse–und Management-Instrument, das die ursächlichen Erfolgsfaktoren einer Marke in allen Unternehmensbereichen erfasst und sie der Markenführung zugänglich macht" (http://www.marken technik.ch/de/marke_leistung/marke_methode_instrument/marke_genetisch_ code.php, 30.12.2013).

Geheimcode

Eine weitere mögliche Assoziation zum Begriff Corporate Code lautet Geheimcode. Diese Assoziation ist naheliegend, denn auch der Corporate Code muss, wie ein Geheimcode, entschlüsselt werden. Allerdings hat niemand Interesse daran, seinen Corporate Code geheim zu halten. Ganz im Gegenteil, der Corporate Code muss allen Mitarbeitenden bekannt gemacht werden. Dazu bedient man sich aller Instrumente der internen PR, vom Mousepad mit Sprachregeln über die Mitarbeiterzeitung und das Intranet bis zu Schreibwerkstätten.

Corporate Code of Conduct

Corporate Code kann verwechselt werden mit dem Begriff Corporate Code of Conduct, also Unternehmensverhaltenskodex: Sucht man im Internet nach *Corporate Code*, ergänzen Suchmaschinen das vermeintlich verkürzte *Corporate Code* auf den angenommenen Begriff *Corporate Code of Conduct*. Bei der Drucklegung dieses Buches ist das

Thema *Compliance* sehr aktuell und *Corporate Code of Conduct* ist ein im Internet häufig gesuchter Begriff. Ich rechne damit, dass sich der Begriff *Corporate Code* auch bei Internetsuchmaschinen in Kürze durchsetzen wird.

Die Nähe des Begriffs *Corporate Code* zum Begriff *Corporate Identity* ist erwünscht. Deshalb wäre es wenig sinnvoll, den Fachbegriff ins Deutsche zu übersetzen, als *Unternehmenskode* oder *Unternehmenssprachstil*. Corporate Code ist ein neues und wirkungsvolles Instrument im großen Orchester der Corporate Identity (CI). Im folgenden Kapitel zeige ich, wie Corporate Code in das CI-Konzept passt.

Corporate Code und Corporate Identity

Von der industriellen Revolution bis zum Beginn des 20. Jahrhunderts wurde der Außenauftritt von Unternehmen alleine durch ihre Eigentümer geprägt. Es waren starke Persönlichkeiten wie Robert Bosch oder Henry Ford, deren Firmen logischerweise auch ihre Namen trugen.

Nach dem ersten Weltkrieg traten einzelne Produkte in den Vordergrund, die gleichbleibende Qualität, einheitliche Verpackung und ein stabiles Preisniveau boten, z. B. Nivea oder Maggi. Der Begriff der Marke wurde eingeführt. Das Standardwerk zum Thema *Marke* schrieb Hans Domizlaff im Jahr 1939: „Die Gewinnung des Öffentlichen Vertrauens".

Nach dem Zweiten Weltkrieg rückte das optische Erscheinungsbild von Unternehmen in den Vordergrund. Der Designer Otl Aicher schuf das unverwechselbare Erscheinungsbild der Lufthansa, und der Haushaltsgerätehersteller Braun wurde durch seinen konsequenten Designstil bekannt.

Erst in den 1970er-Jahren verbreitete sich in den USA der Begriff *Corporate Identity (CI)*.

„Der Begriff und das Konzept der Corporate Identity wurde von J. Gordon Lippincott Anfang der 1960er entwickelt, er wollte damit eine ganzheitliche Herangehensweise an die Wahl von Produktdesign und -namen, Logo, Werbung und Marke erreichen. Er beschreibt ein strategisches System, das neben dem optischen Erscheinungsbild weitere identitätsstiftende Bereiche enthält, wie Verhalten und Kommunikation" (Wikipedia, http://de.wikipedia.org/wiki/Lippincott#cite_note-2, 30.12.2013).

Heute ist CI als vielschichtige Unternehmensstrategie etabliert. Birkigt/Stadler/Funk erklären:

> „Wir sehen die Corporate Identity in Parallele zur Ich-Identität als schlüssigen Zusammenhang von Erscheinung, **Worten** (Hervorhebung des Autors) und Taten eines Unternehmens mit seinem ‚Wesen', oder, spezifischer ausgedrückt, von Unternehmens-Verhalten, Unternehmens-Erscheinungsbild und Unternehmens-Kommunikation mit der hypostasierten Unternehmenspersönlichkeit als dem manifestierten Selbstverständnis des Unternehmens" (Birkigt/Stadler/Funk 1998: S. 16).

Unter CI versteht man die Identität eines Unternehmens, so wie sie vom Management und den Unternehmenseigentümern selbst gesehen wird. Also bezeichnet CI zunächst die konstruierte, später – hoffentlich – die reale Identität des Unternehmens. Die CI wird in einem Leitbild (Mission Statement) festgehalten. Das Ziel von CI-Strategie ist, Unternehmensidentität stimmig und kontinuierlich bei allen Tätigkeiten des Unternehmens nach innen und außen zu leben und darzustellen. Das Ziel ist erreicht, wenn das konstruierte Selbstbild mit dem von der Öffentlichkeit wahrgenommenen Fremdbild (Corporate Image) übereinstimmt. Ich möchte an dieser Stelle anmerken, dass der Idealzustand niemals erreicht werden kann. Ein Unternehmen befindet sich in permanentem Wandel, der sich auch in einer entwicklungsfähigen CI widerspiegeln muss. Das Leitbild muss dementsprechend im Laufe der Zeit angepasst werden. Die CI stellt die *gesetzgebende* Ebene (Legislative) dar und benötigt für ihre Umsetzung geeignete Instrumente (Exekutive).

Abb. 1.1: Das Konzept der Corporate Identity

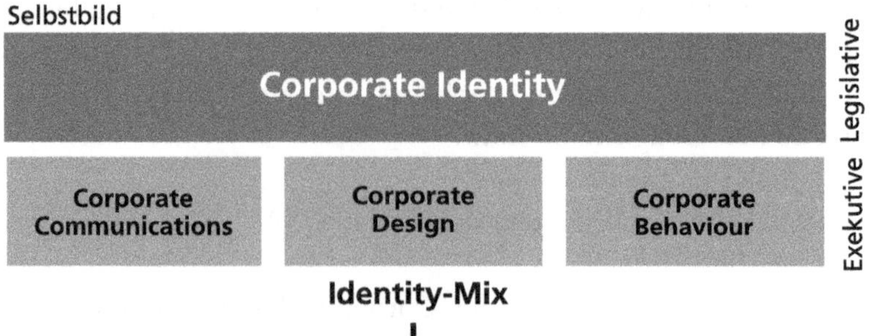

Quelle: Eigene Darstellung

Diese Umsetzungsinstrumente werden in drei Bereiche eingeteilt: Werbung und PR, grafisches Erscheinungsbild sowie Mitarbeiterverhalten. Im Konzept der CI (s. Abb. 1.1) heißen diese Umsetzungsinstrumente Corporate Communications, Corporate Design und Corporate Behaviour. Für all diese Bereiche werden Richtlinien aufgestellt, mit deren Hilfe ein geschlossenes Gesamtbild erzielt werden soll.

„Richtlinien für Corporate Communications (CC)
CC regelt Inhalt, Form und Stil der klassischen Werbung und PR-Maßnahmen. Somit fallen sämtliche Aufgaben der klassischen Werbung in den Bereich der CC, vom Slogan über die Werbebotschaft bis zur Copy Strategy und der Mediaplanung. CC regelt, was, wie, wo und wann kommuniziert werden soll.

Richtlinien für Corporate Design (CD)
CD regelt alle Fragen zur Gestaltung eines einheitlichen Firmenerscheinungsbildes. Diese verbindlichen Gestaltungsrichtlinien werden im CD-Manual dokumentiert. Was wir von einem Unternehmen mit unseren Augen sehen können (Drucksorten, Fahrzeuge, Architektur, Verpackungen, Kleidung), fällt in die Kompetenz von CD.

Richtlinien für Corporate Behaviour (CB)
CB regelt, wie sich das Unternehmen nach innen und nach außen verhalten soll, also wie mit Mitarbeitern, Kunden und Lieferanten umgegangen wird und auch, wie sich das Unternehmen zu Kultur, Politik und Umweltschutz verhält." (Dunkl 2011: S. 14 f.)

Einordnung von Corporate Code in die CI

Wie wir uns verhalten und wie wir miteinander sprechen, liegt nahe beisammen. Da wäre es logisch, den Sprachstil als Bestandteil des Unternehmensverhaltens (Corporate Behaviour) zu verorten. Im Rahmen des Corporate-Identity-Modells gehört Sprachstil jedoch in den Bereich Corporate Communications, ist doch geschriebene oder gesprochene Sprache das wichtigste Kommunikationsmittel überhaupt.

„Werbung macht die intendierte Bedeutung der Marke öffentlich. Den Unternehmen stehen hierbei eine Reihe von Kontaktspezifika zur Verfügung. Dabei wird grob zwischen Above-the-line–sowie den Below-the-line-Maßnahmen unterschieden. Zu den ersteren gehört der Einsatz jener Kommunikationsinstrumente, die der sogenannten klassischen Kommunikation zugerechnet werden können, also Werbemittel wie Anzeigen, Plakate und Werbespots in Werbeträgern wie TV, Print, Kino, Hörfunk und Internet. Die Below-the-line-Maßnahmen bezeichnen hingegen Kommunikationsinstrumente, die nicht der klassischen Kommunikation zugerechnet werden, wie zum Beispiel Sponsoring, Event Marketing, Public Relations, Sales Promotions, Merchandising und Product Placement. Die Below-the-line-Maßnahmen fokussieren dialogische Kommunikationssituationen und versuchen dadurch die strategische Unternehmenskommunikation zu individualisieren" (Kastens 2008: S. 25 f.).

Ich möchte die Below-the-line-Maßnahmen um Corporate Code ergänzen.

Findet man heute Sprachstilregeln in den Richtlinien für Corporate Communications (CC)? Bisher sucht man dort vergeblich. Die Aufmerksamkeit von CC beschränkt sich bis dato auf Werbetexte und Presseinformationen. Die wenigsten CC-Verantwortlichen beschäftigen sich mit der täglichen Unternehmenskorrespondenz und allen anderen Textsorten, die nicht Werbung oder PR dienen. Das Formulieren von Standardbriefen und Templates wird den jeweiligen Fachabteilungen überlassen. So driften Korrespondenzsprache und Werbesprache auseinander. Es ist höchste Zeit, dass der Bereich CC um den unternehmenstypischen Sprachstil, also das neue Instrument Corporate Code, erweitert wird (s. Abb. 1.2)!

Abb. 1.2: Corporate Code im Konzept der CI

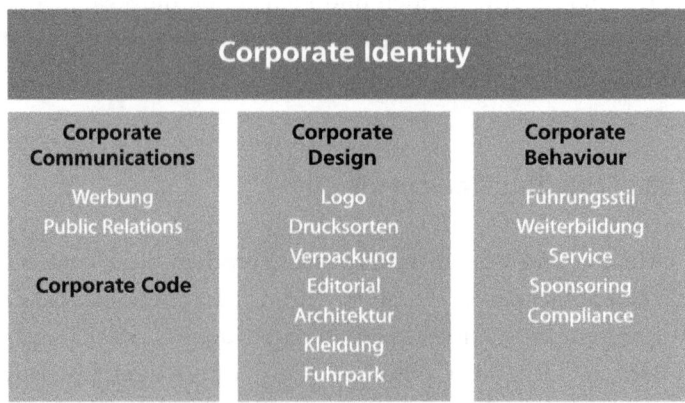

Quelle: Eigene Darstellung

Corporate Code wirkt nicht isoliert. Er muss mit allen übrigen CI-Maßnahmen abgestimmt werden. Betrachten wir beispielsweise den Zusammenhang zwischen Corporate Design und Corporate Code, also zwischen visuellen und sprachlichen Zeichen, am Beispiel der Typografie. Stellen Sie sich ein Familienunternehmen in der dritten

Generation vor: Um die lange Firmentradition visuell auszudrücken, wird im Corporate-Design-Manual die Schrifttype Times (eine Antiquaschriftart mit Serifen) als adäquate Hausschrift vorgeschrieben. Welche sprachlichen Stilmittel bieten sich nun an, um den Markenwert *Tradition* auszudrücken? Dem grafischen Stil der Antiquaschrift Times entspricht die sprachliche Stilebene *seriös und traditionell*. Folglich sollten Sie bei diesem Unternehmen mit „Sehr geehrte Frau Dr. Müller" grüßen und nicht mit „Guten Tag Frau Müller" oder gar „Hallo Frau Müller".

Abb. 1.3: Visuelle Zeichen und sprachliche Interpretation

Times wirkt seriös und traditionell

Helvetica wirkt sachlich und modern

VERSALSCHREIBUNG WIRKT WICHTIG

Fetter Schriftschnitt wirkt laut

Quelle: Eigene Darstellung

Abbildung 1.3 zeigt, dass es für grafische Stilmittel auch entsprechende sprachliche Ausdrucksmöglichkeiten gibt.

Marke und Branding

In diesem Buch verwende ich die Begriffe *Unternehmen* und *Marke* synonym. Ich integriere den Begriff der Marke in das Konzept der CI. Ein Unternehmen ist eine Marke, nämlich eine Unternehmensmarke. Schon im Jahr 1939 formulierte der Begründer der modernen Markentechnik, Hans Domizlaff:

„Das Vorrecht auf einen Markenartikel muss durch eine Bezeichnung geschützt werden, die nicht nachgeahmt werden kann. Bereits der Name des Händlers (oder des Produzenten – Ergänzung des Autors) wirkt sich als seine unverlierbare Qualitätsgarantie aus" (Domizlaff 2005: S. 52). „Eine Markenware ist das Erzeugnis einer Persönlichkeit und wird durch den Stempel einer Persönlichkeit gestützt" (ebd.: S. 55). „Die Verwendung eines Namens muss auf ein einziges Erzeugnis oder auf eine möglichst konzentrierte Idee beschränkt werden" (ebd.: S. 60).

Im Laufe des 20. Jahrhunderts sind reine Unternehmensmarken (Monomarken) praktisch verschwunden. Ein Unternehmensleben beginnt zwar meistens mit einem einzelnen Produkt, aber die Ansprüche der Kunden sind vielfältig und rasch wechselnd, sodass weitere Produkt–und Dienstleistungsvarianten hinzukommen und die Unternehmensmarke in den Hintergrund tritt. Zumeist sind Unternehmen heute sogenannte Dachmarken, die unter sich Submarken führen können. Unter solchen neu entstandenen Submarken können wiederum neue Submarken hinzukommen (Line Extension), sodass ehemalige Submarken nun selbst zu Dachmarken werden. Dabei spielt es keine Rolle, ob es sich um Produktmarken oder Dienstleistungsmarken handelt. Für das Zusammenspiel von Dachmarke und Submarken im Markenportfolio eines Unternehmens wird der Fachbegriff *Markenarchitektur* verwendet. Strebinger definiert *Markenarchitekturstrategie*

> „als die vom markenführenden Unternehmen vorgenommene Verknüpfung des Markenportfolios des Unternehmens mit den Elementen seiner Matrix aus Produkten bzw. Dienstleistungen, Marktsegmenten (...) und geografischen Märkten (...). Damit beinhaltet *Markenarchitekturstrategie* zwei miteinander verbundene Entscheidungen der Markenverantwortlichen: ‚Welche Marke kommt mit welcher Prominenz auf welches Angebot?'" (Strebinger 2010: S. 15).

Derzeit wird in Fachkreisen diskutiert, ob das Konzept der Corporate Identity (CI) ausreicht, um auf die Dynamik des Markts flexibel genug reagieren zu können. Das Schlagwort *Branding* verdrängt den Begriff *Corporate Identity*. Bei der Markentechnik (Branding) wird verstärkt darauf Rücksicht genommen, dass das Unternehmensimage ein interaktives Resultat ist, aus interner Konstruktion und der Reaktion der Stakeholder. Stakeholder sind alle Personen, die in irgendeiner Weise mit dem Unternehmen in Verbindung stehen. Der bisher verwendete Begriff *Zielgruppe* ist unbefriedigend, weil er eine lediglich einseitige Sender-Empfänger-Beziehung signalisiert und den Rezipienten eine passive Opferrolle zuschreibt. Darüber hinaus wird ein Unternehmensimage, also das Markenimage, nicht nur durch das persönliche Markenerlebnis der Käufer geprägt, sondern auch durch alle anderen beteiligten Gruppen wie Konkurrenz, Behörden, Gewerkschaften, Konsumentenschutzvereinen, Gesetzgeber etc.

CI und Branding meinen dasselbe, unterscheiden sich jedoch in ihrer Sichtweise: CI konstruiert das angestrebte Image aus einer internen Sicht („So wollen wir gesehen werden ..."). Aber bereits Hans Domizlaff meinte: „Nicht der Fabrikant ist der Ausgangspunkt aller markentechnischen Berechnungen, sondern die Psyche des Kunden" (Domizlaff 2005: S. 63). Branding sieht das Unternehmensimage heute als Resultat eines Markenerlebnisses, das von zahlreichen externen Einflüssen mitbeeinflusst wird. Beide Konzepte basieren gleichermaßen auf strategischen Zielen und benötigen Richtlinien und Regeln für die Umsetzung in die Unternehmenspraxis.

Branding bedeutet für Corporate Code, dass Unternehmenssprache flexibel bleiben muss, um auf geänderte Kundenbedürfnisse reagieren zu können. Dabei darf aber die Persönlichkeit der Dachmarke nicht verwässert werden! Gerade in unübersichtlichen und rasch wechselnden Märkten suchen Konsumenten Orientierung und Sicherheit durch starke Marken.

Jede Marke hat ihre eigene Sprache.
„Eine Marke schlägt sich (...) immer in der sprachlichen Realität nieder, deshalb ist die Bedeutung der Marke mit linguistischen Methoden eruierbar. Mit diesem Aspekt ist gleichzeitig eine inhaltliche Erweiterung des Terminus *Markenkommunikation* verbunden. Nicht nur die strategische externe (Unternehmens-)Kommunikation wie Public Relations oder Werbung ist in eine umfassende Analyse der Marke mit einzubeziehen, sondern auch die Kommunikation in der Alltags sprache, in der Lebenspraxis der Menschen, ist für die Bedeutungsbildung einer Marke und damit generell für die Markenbildung elementar" (Kastens, Inga Ellen in: Werbekommunikation markenlinguistisch. In: Janich, Handbuch der Werbekommunikation 2012: S. 263–274, hier: S. 265).

Vorangegangene Konzepte für Unternehmenssprache

Erste Antworten auf die Frage nach einer passenden Unternehmenssprache gaben die beiden Sprachstilmodelle „Corporate Wording®" von Hans-Peter Förster (vgl. Förster 2001) und „Corporate Language" von Armin Reins (vgl. Reins 2007). Beide Bücher sind keine sprachwissenschaftlichen Werke. Sie sind, wie auch vorliegendes Buch, der Praxisratgeberliteratur zuzuordnen.

Corporate Wording®

Der Begriff Corporate Wording® ist eine beim Patentamt registrierte Wortmarke und gehört dem deutschen Fachautor H. P. Förster. Förster gebührt der Verdienst, als erster auf die Diskrepanz zwischen modernen Werbetexten und veralteten Korrespondenzformeln hingewiesen zu haben. Corporate Wording® klassifiziert Zielgruppen in vier verschiedene Farbstiltypen und ist eine Methode für empfängerorientiertes Schreiben. Förster beruft sich auf Erkenntnisse der Farbpsychologie und klassifiziert in blaue, rote, grüne und gelbe Lesertypen. Dem Autor von Corporate Wording® gelingt es, mittels seines psychologisch fundierten Farbtypenmodells eine empfängergerechte Sprache zu entwickeln. Dabei streift er die Frage nach einer unternehmenstypisch markierten Sprache nur am Rande. Försters Konzept wird im Kapitel *Empfängerorientierung* ausführlich vorgestellt.

Corporate Language

Derzeit am häufigsten verwendet, im Zusammenhang mit Sprachstil von Unternehmen, wird der Begriff Corporate Language. Er wurde vom deutschen Werbetexter Armin Reins geprägt:

> „So wie eine Brand durch Corporate Design ein einheitliches grafisches Gesicht bekommt, so verleiht ihr Corporate Language eine charakteristische, unverwechselbare Sprache. Mündlich wie schriftlich konsequent um–und eingesetzt, wird eine Marke durch Corporate Language zu einer wiedererkennbaren Persönlichkeit" (Reins 2009: S. 9).

Auch Reins fordert also die Erkennbarkeit des Absenders durch dessen Sprachstil, sein Buch beschränkt sich jedoch auf optimale Zielgruppenansprache. Er zeigt nicht, wie Erkennbarkeit des Absenders in allen Unternehmenstexten bewerkstelligt werden soll. Reins stellt zahlreiche Beispiele für erfolgreiche Unternehmenssprache anhand von Fallstudien und Interviews mit Managern und Werbetextern vor. Dabei konzentriert er sich auf Claims und Werbetexte, dort insbesondere auf Anzeigen-Headlines. Andere Einsatzgebiete für Unternehmenssprache, vor allem die tägliche Unternehmenskorrespondenz, werden nur am Rande erwähnt.

Reins greift die Farbtypologie von Förster auf und erweitert sie um die Farbe Braun für den Typus des Verweigerers (vgl. Reins 2009: S. 189 ff.). Seine Sprachstilgruppen heißen „Die Wertorientierten, die Gefühlsorientierten, die Trendorientierten, die Ergebnisorientierten und die Verweigerer" (ebd.: S. 136 ff.). Dabei fühlt sich Reins den Adressaten seiner Werbebotschaften ziemlich überlegen und behandelt sie als manipulierbare Individuen. Er schreibt „Gute Texte sind Verführer" (ebd.: S. 102). Reins bezeichnet seine Zielgruppen sogar als Opfer. „Das richtige Opfer wählen" (ebd.: S. 106), „Dringen Sie in den Geist des Opfers ein" (ebd.: S. 108) und „Isolieren Sie das Opfer" (ebd.: S. 111). Eine seiner Empfehlungen lautet:

> „Die am tiefsten verwurzelten und angenehmsten Erinnerungen sind in der Regel die an die frühe Kindheit (...). Versetzen Sie Ihr Opfer in jene Zeit zurück, und bringen Sie sich in das ödipale Dreieck ein, indem Sie das Opfer als das bedürftige Kind positionieren. Da es sich des Grundes seiner emotionalen Reaktion nicht bewusst ist, wird es sich in Sie verlieben" (ebd.: S. 112).

Corporate Code hingegen möchte seinen Adressaten auf Augenhöhe und mit Respekt und Achtsamkeit begegnen.

Eine Schwäche des Begriffs Corporate Language ist die mindestens ebenso oft verwendete Bedeutung im Sinne von Nationalsprachen in internationalen Unternehmen. Sucht man mit einer Internetsuchmaschine den Begriff Corporate Language, findet man überwiegend Fremdsprachkurse für Manager oder Informationen über die Nationalsprachen in den jeweiligen Unternehmen.

Corporate Style

Den fehlenden Zusammenhang zwischen Unternehmensidentität und Sprachstil in den Konzepten von Corporate Wording® und Corporate Language kritisiert die Linguistin Kathrin Vogel (2012) in ihrem Buch „Corporate Style". Vogel untersucht sprachwissenschaftlich fundiert, welche Rolle Sprachstil für die CI spielen kann. Zunächst setzt sich Vogel kritisch mit dem Modell der Corporate Identity auseinander und weist hin auf den Unterschied zwischen konstruierter CI als Idealbild und realer CI als Ist-Zustand. Danach analysiert sie die beiden Sprachstilmodelle von Förster und Reins, denen sie vorwirft, das Versprechen, Unternehmensidentität abzubilden, nicht zu erfüllen:

> „Ein Unternehmen macht seinen Zielgruppen Identifikationsangebote, indem es sich als zur Zielgruppe passend darstellt. Unternehmen mit mehreren unterschiedlich definierten Zielgruppen gelangen auf diese Art jedoch nicht zu einem einheitlichen Stil, sondern müssen mehrere zielgruppenspezifische Stile ausbilden. Dieses Problem des Oszillierens von Stil und Identität zwischen sozialer Anpassung und Einzigartigkeit wird allerdings in den Ansätzen von Reins und Förster gar nicht angesprochen" (Vogel 2012: S. 192).

Man müsse auch danach fragen, ob aufgrund der vier (bei Förster) oder fünf (bei Reins) Sprachstilgruppen nur vier bzw. fünf unterschiedliche Unternehmensidentitäten dargestellt werden können. „In diesem Falle wäre keine ausreichende Differenzierung von der Konkurrenz möglich" (ebd.: S. 182).

Danach entwickelt Vogel ihr linguistisch fundiertes Analysemodell, mit dessen Hilfe sich Unternehmenstexte auf unternehmenstypische Sprachstilelemente untersuchen lassen. Sie entwickelt einen Analyserahmen, mit dessen Hilfe der Grad der unternehmenstypischen Markiertheit von Texten untersucht werden kann.

„Der Analyserahmen hat das grundlegende Ziel, die umfassende Beschreibung eines Corporate Style zu ermöglichen. Er soll die Frage beantworten können, ob ein unternehmensspezifischer, einzigartiger, einheitlich und kontinuierlich eingesetzter Corporate Style vorliegt und in welchen Bereichen Verbesserungsbedarf besteht" (ebd.: S. 202).

Dazu entwickelt sie ein semiotisches Modell über die Zusammenhänge zwischen Stil und Identität. Vogel gliedert ihren Analyserahmen in neun Schritte:

0) Erstlektüre
1) Beschreibung des Unternehmens und seiner Identität
2) Beschreibung der Determinanten des Corporate Style
3) Korpuseingrenzung und Überblick
4) Beschreibung des Corporate Style als Zeichenmittel
5) Untersuchung des Corporate Style als Demonstration von Stilkompetenz
6) Untersuchung des Corporate Style als Identifikationsangebot
7) Untersuchung des Corporate Style als Referenz auf die Unternehmensidentität
8) Abschließende Betrachtung des Corporate Style (ebd.: S. 205)

In einer umfassenden Fallstudie von Texten des Softdrinkherstellers Innocent demonstriert Vogel ihre Analysemethode. Die Sprachwissenschaftlerin regt an, eine praxistaugliche Umsetzungsmethode zu entwickeln. (Eine Anregung, die wir mit Corporate Code aufgegriffen haben.) Anhand ihrer Terminologie lässt sich erkennen, dass die Autorin von Corporate Style Linguistin ist und keine Rezepte für die Praxis anbieten will. Dennoch ist ihr Buch auch für Praktiker zu empfehlen, die sich für wissenschaftliche Erkenntnisse über Unternehmenssprache interessieren.

Vogel schlägt für unternehmenstypische Sprache den Namen *Corporate Style* vor. Der Begriff *Style* wird aber meist im Zusammenhang mit visuellen, nicht sprachlichen Zeichen verwendet. Im Corporate Design spricht man von Schriftstil, Stilelementen, Farbstil etc.. Solche Stilelemente werden in Corporate-Design-Manuals normiert, die auch *Styleguides* genannt werden. *Corporate Style* taucht auch gelegentlich auf als Bezeichnung für eine Subfunktion des Corporate Designs, nämlich für unternehmensspezifische Dresscodes, Arbeitskleidung und Uniformen. Deshalb präferiere ich für mein Konzept eines unternehmenstypischen Sprachstils den Begriff *Corporate Code*.

Normen für schriftliche Unternehmenskommunikation

Bereits zehn Jahre vor Vogel entwickelte die deutsche Linguistin Nicole Sauer einen Normenkatalog für schriftliche Unternehmenskommunikation mit dem Titel „Corporate Identity in Texten" (Sauer 2002). Sauer sieht ihre Arbeit als Brückenschlag zwischen Linguistik und Marketingtheorie. Auch sie erhebt den Anspruch, „Sprache im Sinne der Unternehmensidentität zu gestalten" (ebd.: S. 20). Während Förster und Reins nur das Ziel einer empfängerorientierten Sprache erreichen und Vogel eine wissenschaftliche Analysemethode ohne praktische Umsetzungsregeln bietet, gelingt es Sauer, wissenschaftlich fundiert, Schreibstilregeln anzubieten, die nun wirklich auf die Erkennbarkeit des Unternehmens abzielen. Diese Regeln nennt Sauer *Normen*. Die Autorin erkennt die Gefahr, dass sprachliche Normen oft nicht einmal die Legitimation kodifizierender Instanzen wie der Duden-Redaktion vorweisen können (vgl. ebd.: 2002: S. 73 ff.). Sie stellt dennoch präskriptiven Bedarf fest und verteidigt den Ausdruck *Norm* mit dem Hinweis, dass ihr Konzept in der betrieblichen Praxis eingesetzt werden soll. Auch die benutzte Terminologie solle daher dem praktischen Bedarf an eingängigen und prägnanten Bezeichnungen nachkommen (vgl. ebd.: S. 73 ff.).

Ich empfinde den Ausdruck *Norm* dennoch als unpassend, da Normen eher an verbindliche Industriestandards denken lassen, die von unabhängigen Institutionen herausgegeben werden, beispielsweise die DIN-Norm. Im Corporate Code spreche ich daher von *Regeln* für einen unternehmenstypischen Sprachstil, deren einzelne Erkennungsmerkmale ich im Kapitel *Erkennbarkeit* dieses Buchs als Corporate-Code-Marker vorstelle. Sauer unterteilt ihren Normenkatalog in vier Kategorien:
– Normen zur Darstellung der professionellen Haltung
– Normen zur Darstellung der Orientierung auf den Leser
– Normen zur Darstellung von Charaktermerkmalen
– Normen zur Darstellung des Werthorizonts

Die Autorin hat 155 Normen ausgearbeitet, die nach dem Muster „Tue dies, wenn du das erreichen willst" aufgebaut sind. Die Norm N(2) besagt zum Beispiel:
„Verwende in deinem Schreiben die fachsprachlichen Bezeichnungen, wenn du deine fachliche Kompetenz darstellen willst" (ebd.: S. 92).

Viele ihrer Normen lesen sich weniger leicht und es fehlen praxisnahe Beispiele für ihre Umsetzung. Norm N(53):
„Stelle deine Forderungen, aber minimiere die Bedrohung, indem du dich als Mitglied der Gruppe deines Gegenübers zu erkennen gibst, wenn du in der über-

legenen Position höflich erscheinen willst (zum Beispiel durch die Verwendung der ersten Person Plural)" (ebd.: S. 106).

Als Erste betont Sauer die Notwendigkeit, Sprachstilregeln im Unternehmen nicht nur zu verkünden, sondern auch in einem definierten Prozess zu implementieren und einzuüben. Sauers Buch lässt sich als sprachwissenschaftliches Fachbuch hervorragend lesen, allerdings fällt die direkte Umsetzung mangels ausreichender Beispiele oder Fallstudien schwer. Ich werde daher Corporate Code in diesem Buch mit praxisnahen Vorher-Nachher-Beispielen erklären.

Die drei Säulen von Corporate Code

Corporate Code stellt eine Erweiterung und Synthese der oben genannten Sprachstilmodelle dar. Corporate Code bietet die von Vogel geforderte praxistaugliche Umsetzung. Die vorangegangenen Konzepte werden um Faktoren erweitert, welche die Erkennbarkeit des Absenders gewährleisten. Corporate Code schließt die Lücke zwischen Corporate Identity und Sprachstil.

Der Brückenschlag gelingt mit einer Methode zur Findung von unternehmenstypischen Sprachstilkriterien (S. 143) und deren Umsetzung in konkrete Erkennungsmerkmale. Corporate Code stellt drei Instrumente für die Erfüllung dieser Sprachstilkriterien zur Verfügung. Sie lauten Verständlichkeit, Empfängerorientierung und Erkennbarkeit (s. Abb. 1.4). Wie drei Säulen tragen sie den Corporate Code. Die Grenzen zwischen den drei Bereichen lassen sich in der Praxis nicht immer scharf ziehen, aber diese Dreiteilung erleichtert das Verstehen von Corporate Code und das Umsetzen in die Praxis.

Abb. 1.4: Die drei Säulen von Corporate Code

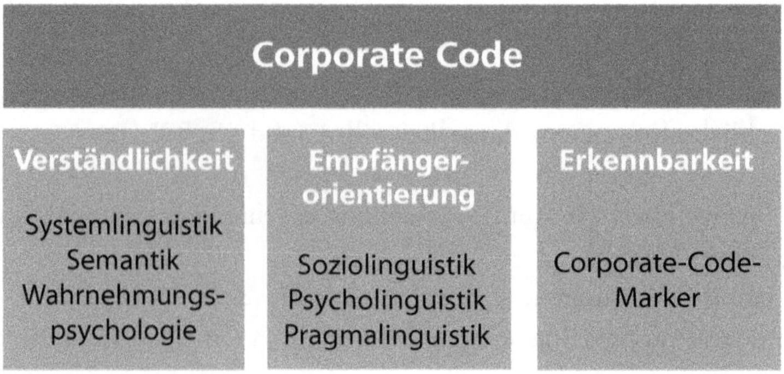

Quelle: Eigene Darstellung

Verständlichkeit

Die erste Säule von Corporate Code bildet die Verständlichkeit. Corporate Code kann hier auf zahlreiche Forschungsergebnisse aus der Systemlinguistik und der Semantik aufbauen. In der geschriebenen Sprache sorgen Regeln der Wahrnehmungspsychologie für Leserlichkeit und Lesbarkeit.

Empfängerorientierung

Die zweite Säule von Corporate Code ist die Empfängerorientierung. Für die Psychotherapie haben Linguisten und Psychologen gemeinsam zahlreiche Techniken entwickelt, mit deren Hilfe Therapeuten sich einfühlsam und achtsam auf ihre Klienten einstellen können, um Veränderungen bei ihren Klienten herbeizuführen. Diese Methoden lassen sich in der Unternehmenskommunikation einsetzen. Auch Erkenntnisse der Soziolinguistik, Psycholinguistik und der Pragmalinguistik tragen zu einer optimalen Ausrichtung auf die Empfänger bei.

Erkennbarkeit

Die dritte Säule von Corporate Code bildet die Erkennbarkeit. Sie ist das eigentlich Neue an Corporate Code. Unverwechselbare und einem Unternehmen als typisch zuordenbare Elemente des Sprachstils sorgen für Erkennbarkeit. Ich nenne sie *Corporate-Code-Marker* (S. 145). Sie sind die Träger sprachstilistischer Erkennungsmerkmale. Corporate-Code-Marker definieren das Ausmaß der unternehmenstypischen Markiertheit von Unternehmenstexten.

Einsatzgebiete von Corporate Code

In welchen Unternehmensbereichen kann Corporate Code eingesetzt werden? Unternehmenstypischer Sprachstil gilt, ganz im Sinne der CI, nicht nur für Werbetexte und Rundfunkspots, also auf gedruckten oder in hörbaren Medien, sondern für sämtliche Textsorten, die in Unternehmen verfasst werden, extern wie intern. Ganz besonders gilt das für die tägliche Kommunikation per Mail oder Telefonat. Auch Websites, Gebrauchsanleitungen und Packungsbeschriftungen prägen durch ihren Sprachstil das Image eines Unternehmens. Sogar Verträge können verständlich, zielgruppenorientiert und unternehmenstypisch formuliert werden, ohne an (z. B.) juristischer Präzision zu verlieren!

Der eigene Corporate Code muss allen Mitarbeitenden bekannt sein. Er muss befolgt werden, damit die Mitarbeitenden zu Markenbotschaftern ihres Unternehmens werden können. Im Kapitel *Umsetzung in die Praxis* beschreibe ich die Methoden und Werkzeuge dafür. Corporate Code gilt für alle sprachlichen Äußerungen eines Unternehmens, egal ob in geschriebener oder gesprochener Form. Selbstverständlich gilt ein Corporate Code auch hausintern, bei der Kommunikation mit den eigenen Mitarbeitenden, Kollegen und Vorgesetzten. Unternehmenstypischer Sprachstil muss sich auch in internen Mails, Rundschreiben etc. wiederfinden.

Corporate Code in der gesprochenen Sprache

- Werbetext (Rundfunk, Kino und TV)
- Beratungs–und Verkaufsgespräch
- Vortrag und Ansprache
- Fachgespräch
- Vertragsverhandlung
- Servicetelefon
- Unterhaltung am Arbeitsplatz, in der Kantine
- Small Talk im beruflichen Umfeld
- Private Unterhaltung (eingeschränkt)

Welche Rolle spielt Corporate Code bei privater Unterhaltung oder Small Talk auf einer Party? Auch im Privaten wird über das eigene Unternehmen gesprochen. So wird jeder Mitarbeiter zum Markenbotschafter (Brand Ambassador). In der Corporate Identity spricht man vom *Employee Branding* (nicht zu verwechseln mit *Employer Branding*, bei dem das Unternehmen als Arbeitgeber gebrandet werden soll). Ich möchte nicht so weit gehen und die Einhaltung eines Corporate Code in Privatgesprächen fordern, aber ich möchte darauf hinweisen, dass auch private Äußerungen das Firmenimage erheblich beeinflussen. Private Produktempfehlungen oder negative Kritiken werden sogar besonders ernst genommen. Es hat sich auch gezeigt, dass Corporate-Code-geschulte Angestellte im Privaten gerne Formulierungen und Bezeichnungen aus dem Corporate Code ihres Arbeitgebers verwenden. Die Sprachwissenschaftlerin Kathrin Vogel weist darauf hin, dass eine völlige sprachlich-stilistische Gleichschaltung von Mitarbeitenden jedoch nicht möglich sei, weil Mitarbeitende zwar stilistische Vorschriften übernehmen könnten, aber nur mit Einschränkungen, „d. h., sie werden die Vorgaben nur mit Anpassungen an ihren eigenen Kommunikationsstil umsetzen" (Vogel 2012: S. 131).

Beim gesprochenen Corporate Code kommen weitere Faktoren zum Schreibstil hinzu, welche die Botschaft beeinflussen. Tonlage und Lautstärke können eine Aussage verstärken oder mildern. Nicht nur akustische Signale, sondern auch nonverbale Zeichen stehen der gesprochenen Sprache zur Verfügung: Mimik und Gestik. Beim Telefongespräch helfen Mimik und Gestik nicht weiter, die Medien Skype und Videokonferenz bilden eine Ausnahme. Ein Eingehen auf Körpersprache würde allerdings den Rahmen dieses Buches sprengen. Als Verhaltensweisen gehören nonverbale Zeichen zum Bereich Corporate Behaviour und werden dort geregelt.

Unterschieden werden muss zwischen interaktiver spontaner Sprache (Telefonat, Small Talk) und vorbereiteter monologischer Sprache (Vortrag). Der Einsatz von Corporate Code in der gesprochenen Unternehmenssprache hängt von der jeweiligen Situation ab. Das Vorhandensein von Stilvorlagen und das in Schreibwerkstätten geübte Formulieren sind ausschlaggebend, wie weit der Corporate Code befolgt wird. Die Praxis von Corporate Code hat gezeigt, dass Personen, die Sprachwerkstätten besucht haben und das Gelernte beim täglichen Mailschreiben anwenden, ihren Corporate Code auch beim Sprechen automatisch einsetzen. Überhaupt lässt sich beobachten, dass die anfangs intensive mentale Auseinandersetzung mit dem Corporate Code innerhalb weniger Wochen dem intuitiv-automatischen Anwenden weicht.

Corporate Code in der geschriebenen Sprache

- Bericht und Konzept
- Beschilderung, Leitsystem
- Blog
- Chat
- Direct Mail
- E-Mail
- Einladung
- Folienpräsentation
- Forenbeitrag
- Formular
- Gebrauchsanleitung
- Interne Mitteilung, Rundschreiben
- Katalog
- Offert, Rechnung, Mahnung
- Postbrief
- Pressemitteilung

- Produktbeschriftung
- Schulungsunterlagen
- SMS
- Stellenanzeigen, Zeugnisse
- Texte auf der Website, im Intranet
- Tweet, Facebook-Nachricht
- Verpackungsbeschriftung
- Vertrag
- Werbetext (Inserat, Plakat, Prospekt)

(Hier handelt es sich nur um eine grobe Übersicht. Auf S. 139 werden die wichtigsten Textsorten aufgeführt und deren stilistischen Unterschiede beschrieben.)

Unter den Einsatzgebieten für geschriebenen Corporate Code nimmt die Pressemitteilung eine Außenseiterrolle ein. Vogel weist in ihrer Analyse darauf hin, dass bei Pressemitteilungen mit unternehmenstypischer Markiertheit sehr zurückhaltend umgegangen werden muss:

> „Pressemitteilungen sollen möglichst direkt in journalistische Publikationsmedien übernommen und dort vom Leser als journalistischer Text und als objektive Information wahrgenommen werden. (...) Sollte der Corporate Style also hier zu dominant sein, wird der jeweilige Journalist die Pressemitteilung entweder stark verändern (müssen), sie nicht weiterveröffentlichen oder – im schlimmsten Fall – sogar als Werbung einstufen und nicht einmal zur Informationsgewinnung nutzen" (ebd.: S. 199).

Da in der geschriebenen Sprache nonverbale Zeichen nur begrenzt einsetzbar sind (Emoticons), spielt der Sprachstil eine umso wichtigere Rolle. Verschiedene schriftliche Ausdrucksformen können die Aufgaben von nonverbalen Zeichen erfüllen. So kann Lautstärke durch fetten Schriftstil (bold), Großbuchstaben oder Ausrufungszeichen ausgedrückt werden. Ein freundliches Lächeln kann durch eine herzliche Begrüßungsformel vermittelt werden. Natürlich stehen, zumindest bei geschriebener Mündlichkeit, auch die beliebten Emoticons zur Verfügung ;-).

Corporate Code in der Werbung

Gibt es einen Unterschied zwischen dem Corporate Code und der Werbesprache eines Unternehmens? Grundsätzlich gelten die Sprachstilregeln des Corporate Codes auch für Werbetexte. Es wäre widersinnig, wenn in einer Werbekampagne ein gänzlich anderes Bild vom Unternehmen wachgerufen würde als in dessen Briefkorrespondenz.

Werbung ist das am schnellsten wirkende Instrument des Identity-Mix. Werbung kann und muss rasch auf Marktveränderungen reagieren. Daher kann Werbetextern ein größerer kreativer Spielraum zugestanden werden. Sie dürfen den Corporate Code stellenweise dehnen und erweitern, ohne jedoch gegen die grundsätzlichen Sprachstilkriterien (S. 143) zu verstoßen. Die Sprache in Werbemitteln kann sich größere Abweichungen vom Corporate Code leisten, weil ihr zusätzliche Identifizierungsangebote zur Verfügung stehen: Firmenfarben, Logos, Schriftstile, Keyvisuals und unternehmenstypische Fotos oder Illustrationen sorgen auf Plakaten, Prospekten und Inseraten für Erkennbarkeit des werbenden Unternehmens. In Rundfunk und TV unterstützen Jingles und markentypische Präsenterstimmen die Erkennbarkeit. Gleichzeitig öffnet sich dem Werbetext ein weit größerer Spielraum für den Einsatz von Corporate-Code-Markern als der Unternehmenskorrespondenz. In Korrespondenztexten müssen Genre-Sprachstilnormen (S. 138) berücksichtigt werden, da Briefe bei zu intensivem Gebrauch von Markern reklamig wirken. Ein Brief darf sich nicht wie ein Flugblatt lesen.

Angesichts der Verschiedenheit zwischen allgemeinen Unternehmenstexten und Werbetexten hatte ich anfangs erwogen, Corporate Code nicht dem Bereich Corporate Communications zuzuordnen, sondern im Bereich Corporate Behaviour anzusiedeln. Die Abkoppelung des Corporate Codes von Corporate Communications brächte aber die Gefahr mit sich, dass Werbetext und Corporate Code zu weit auseinanderdriften.

Ein ähnlicher Konflikt lässt sich häufig auch in einem anderen Bereich der CI-Praxis beobachten: Im CD-Manual vorgeschriebene Darstellungsformen des Firmenlogos werden für eine kurzlebige Werbekampagne missachtet und eine veränderte Logovariante eingesetzt. Es liegt in der Verantwortung des Marketingmanagements bzw. der Werbeleitung, darauf zu achten, dass Werbetexter den Rahmen nicht überspannen und sich allzu weit vom Corporate Code entfernen. Corporate Code definiert, wie unternehmenstypische Sprache formuliert werden soll. Dabei bleibt dem jeweiligen Autor genügend Spielraum, mithilfe seines Sprachgefühls kreative Umsetzungen zu entwickeln.

Corporate Code im Leitsystem

Es gibt einen Bereich in Unternehmen, der sprachlich in der Regel vernachlässigt wird: das Leitsystem mit seinen Wegweisern, Schildern und Beschriftungen. Nicht nur, dass hier selten auf unternehmenstypische Sprache wertgelegt wird, sondern es finden sich oft auch widersprüchliche Bezeichnungen. Da steht in der Liftkabine neben der Stockwerktaste *Untergeschoss*, und wenn man den Lift dort verlässt, liest man *Ebene-1* an der Wand. *Restaurant* oder *Kantine* und *Empfang* oder *Lobby* sind weitere Beispiele für uneinheitliches Naming. In Parkhäusern kann man sich die Stockwerke besser merken, wenn sie neben abstrakten Ziffern kreative Namen tragen. Die unterschiedlichen Konferenzräume in Hotels tragen meistens Namen, die für das Hotel oder die jeweilige Stadt charakteristisch sind. Bezeichnungen im Leitsystem bieten eine gute Möglichkeit, bewusst Corporate Code einzusetzen. Stockwerksbezeichnungen, Räume oder Funktionsbereiche können unternehmenstypische Namen erhalten! Zur Bezeichnung von Firmenrestaurants sind Namen von Persönlichkeiten aus der Firmenhistorie, von berühmten Erfindern, von bekannten Produkten oder unternehmenstypische Fahnenwörter (siehe S. 171) beliebt. Das Werksrestaurant des Autoherstellers Ferrari heißt bezeichnenderweise *Il Podio* (ital. Siegerpodest). Das Werksrestaurant des Sportartikelherstellers Adidas heißt *Stripes*, in Analogie zu den markentypischen drei Dekorstreifen.

2. Verständlichkeit

Im ersten Kapitel habe ich gezeigt, welche Rolle Corporate Code im Rahmen der Corporate Identity spielt. Des Weiteren stellte ich fest, dass drei Säulen den Corporate Code tragen: Verständlichkeit, Empfängerorientierung und Erkennbarkeit. Dieses Kapitel beschäftigt sich mit der Verständlichkeit.

Viele Unternehmenstexte sind schwer verständlich. Juristische Formulierungen und bürokratische Floskeln erschweren das Lesen. Aber nicht nur Texte in der Unternehmenskommunikation, sondern auch – und vor allem – Gesetzestexte und Vertragstexte sind selbst für Fachleute oft schwer zu verstehen. Dieser schwer verständliche Schreibstil färbt in der Folge ab auf alle anderen Unternehmenstexte, insbesondere auf die Korrespondenz. Die Folge sind Missverständnisse, deren Beseitigung wertvolle Arbeitszeit kostet: Die Rezipienten müssen sich durch unverständliche Texte quälen, und die Produzenten von solchen Texten müssen sich später mit Rückfragen abmühen. Im schlimmsten Fall werden durch Verständnisfehler Fristen versäumt oder Verträge ungültig.

Satzmonster und Wortmonster

Die Hauptschuld an der Unverständlichkeit juristischer Texte trifft den Gesetzgeber. Die Wurzel des Übels liegt in unverständlich abgefassten Gesetzestexten, die offensichtlich als Kompromisse in unzähligen Ausschusssitzungen erstritten worden sind. (Auf die Versuche der Regierungen deutschsprachiger Staaten, Gesetzestexte verständlich abzufassen, gehe ich auf S. 56 ein.) Auch besteht der Eindruck, dass Juristinnen und Juristen ihre Texte, wenn sie für Laien bestimmt sind, mutwillig schwer verständlich formulieren, um sich auf diese Weise bei ihren fachunkundigen Klienten unverzichtbar zu machen. Wobei hier nicht die juristische Fachsprache an sich angeprangert werden soll. Das Problem sind ausufernde Satzkonstruktionen, gepaart mit bürokratischen Floskeln. Wer in seinen Texten auf Gesetze verweisen muss, kopiert dann diesen stilistischen Unsinn und hofft, dadurch juristisch präzise zu sein. Ein Beispiel für solch unverständliche und bürgerferne Sprache stelle ich an den Anfang. Es ist ein Paragraf aus dem Erbrecht des deutschen Bürgerlichen Gesetzbuchs:

§ 2050 Ausgleichungspflicht für Abkömmlinge als gesetzliche Erben

(1) Abkömmlinge, die als gesetzliche Erben zur Erbfolge gelangen, sind verpflichtet, dasjenige, was sie von dem Erblasser bei dessen Lebzeiten als Ausstattung erhalten haben, bei der Auseinandersetzung untereinander zur Ausgleichung zu bringen, soweit nicht der Erblasser bei der Zuwendung ein anderes angeordnet hat.

(2) Zuschüsse, die zu dem Zwecke gegeben worden sind, als Einkünfte verwendet zu werden, sowie Aufwendungen für die Vorbildung zu einem Beruf sind insoweit zur Ausgleichung zu bringen, als sie das den Vermögensverhältnissen des Erblassers entsprechende Maß überstiegen haben.

(3) Andere Zuwendungen unter Lebenden sind zur Ausgleichung zu bringen, wenn der Erblasser bei der Zuwendung die Ausgleichung angeordnet hat
(http://www.gesetze-im-internet.de/bgb/__2050.html, 01.04.2014).

Solch ein Gesetzesparagraf des Erbrechts interessiert ja nicht nur juristische Fachkreise. Die meisten von uns werden vermutlich im Laufe ihres Lebens einmal erben. Aber dieser Gesetzestext strotzt vor Merkmalen für Unverständlichkeit: Schachtelsätze, Einschübe, Vor–und Rückgriffe, Unterordnungen und Passivstil. Solche Satzmonster (s. Abb. 2.1) bekämpft Corporate Code!

Abb. 2.1: Das Satzmonster

Illustration: Johann Pumhösl

Das hinterhältige Satzmonster nährt eine lästige Brut, die Wortmonster (s. Abb. 2.2). Auch die Wortmonster behindern die Verständlichkeit. Ihre Namen lauten Bandwurmwort, Abstraktum, Behördenfloskel und Nominalkonstrukt.

Abb. 2.2: Die Wortmonster

Illustration: Johann Pumhösl

Dabei könnten auch Behörden mithilfe von Corporate Code komplexe Texte in bürgernaher Sprache verständlich formulieren! Nachdem die Satzmonster aus dem obigen Paragrafen vertrieben worden sind, liest er sich schon etwas leichter:

§ 2050 Ausgleichungspflicht für gesetzliche Erben erster Ordnung

(1) Gesetzliche Erben erster Ordnung müssen alles, was sie vom Erblasser bereits zu Lebzeiten als Ausstattung erhalten haben, untereinander ausgleichen; es sei denn, der Erblasser hat es anders verfügt.

(2) Zuschüsse, die vom Erblasser zweckgebunden als Einkünfte überlassen wurden, müssen nur ausgeglichen werden, wenn sie die Vermögensverhältnisse des Erblassers überstiegen haben. Das gilt ebenso für Aufwendungen, die zur Berufsausbildung zweckgebunden waren.

(3) Andere Zuwendungen unter Lebenden müssen nur dann ausgeglichen werden, wenn es der Erblasser angeordnet hatte.

Synonyme

Natürlich enthält dieser Gesetzesparagraf immer noch Fachbegriffe, die für Laien nicht verständlich sind. Jeder Beruf benötigt präzise Fachbegriffe, damit sich seine Vertreter auf hohem Niveau und ohne Missverständnisse austauschen können. Wer aber mit Laien spricht oder korrespondiert, muss Fachwörter erklären, oder er muss sogenannte Synonyme verwenden.

Synonyme versteht man umgangssprachlich als von gleicher Bedeutung. Eine identische Bedeutung von zwei Begriffen kann es allerdings nie geben, denn alleine die Tatsache, dass es zwei unterschiedliche Begriffe gibt, lässt den Schluss zu, dass es auch zwei unterschiedliche Bedeutungen geben muss, die allerdings sinnverwandt sind. Der Duden nennt als Beispiel für Synonymie die Ausdrücke *Lenz* und *Frühling*. Aber welch großer Unterschied liegt zwischen diesen beiden Wörtern: *Lenz* klingt wesentlich poetischer als die nüchterne Jahreszeitenbezeichnung *Frühling*. Warum sollte eine Sprache zwei unterschiedliche Ausdrücke für ein und denselben Inhalt haben? Ich möchte daher den Begriff Synonym mit aller Vorsicht verwenden. Das Synonym kann einen Fachbegriff also nicht zu 100 Prozent ersetzen, jedoch für Laien verständlich machen. Hier einige Beispiele für das Ersetzen von juristischen Fachbegriffen durch besser verständliche Synonyme:

Juristische Fachsprache:	*Synonym:*
Abdingbar	*Änderbar*
Adäquater Kausalzusammenhang	*Ursächlicher Zusammenhang*
Obliegenheit	*Pflicht*
Verfügung	*Anordnung*

Jede Fachsprache hat ihre Fachbegriffe, hier Beispiele aus dem Marketing:

Break-Even-Point	*Wirtschaftlichkeitsschwelle*
Briefing	*Aufgabenstellung*
Layout	*Entwurf, auch: Seitengestaltung*
Validität	*Gültigkeit*

Wenn Sie Jurist oder Marketingprofi sind, werden Sie vielleicht mit den oben genannten Synonymen nicht einverstanden sein, weil Sie die genaue Bedeutung dieser Fachbegriffe kennen. Wer gegenüber Laien präzise bleiben möchte und kein passendes Synonym findet, muss das Mittel der Erläuterung wählen.

Erläuterungen

Wenn für einen Fachbegriff kein Synonym als Ersatz geeignet scheint, muss man ihn erklären. Wer den Lesefluss im Brief nicht behindern möchte, kann seine Erklärungen in Fußnoten geben. Ein hilfreiches Angebot stellt auch ein Glossar dar. Es kann auf die Rückseite eines Postbriefs oder Vertrags gedruckt werden. Bei einem E-Mail kann das Glossar per Link auf die eigene Website angeboten werden.

Fachsprache:	*Erläuterung:*
In Schriftform	*Mit eigenhändiger Unterschrift*
Abfallendes Inserat	*Inserat, das bis zum Seitenrand reicht*
Wortmarke	*Am Patentamt eingetragener, geschützter Wortlaut, unabhängig von seiner grafischen Gestaltung*

Das folgende Rund-Mail eines EDV-Administrators an die Belegschaft eines mittelgroßen Unternehmens ist wegen seiner zahllosen Fachbegriffe und kryptischer Abkürzungen für Laien völlig unverständlich:

Um ca. 15:00 Uhr hat unser Provider die DNS-Reverse-Lookup-Zone korrigiert, das Mailrückläuferproblem sollte damit langsam im Griff sein. Je nachdem, wie lange die DNS-Server der Organisationen AN die ihr schickt die Reverse DNS Einträge zwischenspeichern, kann es aber noch einige Stunden zu vereinzelten Problemen kommen. Ab 24:00 sollten sämtliche DNS-Caches abgelaufen sein und die Server die neuen Zonenfiles angefordert haben. Sollten sich erneut Probleme ergeben, bitte Mail an mich!

Ja, hier ergeben sich Probleme: Dieses Mail ist unverständlich! Es drängt sich der Verdacht auf, dass hier jemand weniger Interesse daran hat, einen Sachverhalt aufzuklären, als mit seinem Fachwissen zu protzen. Entgegen den Gepflogenheiten dieses Buches erspare ich mir, dieses Schreiben mittels eines Vorher-Nachher-Vergleichs optimieren zu müssen …

Lehnwörter und Anglizismen

Nicht aufgenommen in die Familie der Wortmonster habe ich die Lehnwörter, die heute in der Regel dem Englischen entstammen. Auch wenn Sprachpuristen das Überhandnehmen von Anglizismen und den drohenden Absturz des Deutschen ins „Denglische" lautstark beklagen, sind Lehnwörter ganz natürlich gewachsene Geschöpfe. Sprache ist einem permanenten Wandel unterworfen. Lehnwörter stammen aus anderen Sprachen und haben sich im Lauf der Zeit an die Nehmersprache angepasst. *Downloaden* ist solch ein junges Lehnwort, das sich aus dem englischen Wort *to download* entwickelt hat. Mittlerweile wird es wie ein deutsches Wort konjugiert: *Ich habe die Datei downgeloadet.* Ich habe bereits den noch weiter eingedeutschten Ausdruck *downgeladen* entdeckt.

Sogenannte Fremdwörter hingegen haben sich in Schreibweise und Flexion (noch) nicht angepasst, z. B. *Cowboy*. Auf der Suche nach einem echten Fremdwort erhielt ich Antwort vom Wiener Linguisten Manfred Glauninger:

> „Als ‚echt‘ könnte man nur ein Fremdwort bezeichnen, das lautlich und grammatikalisch noch nicht (teilweise) ‚eingedeutscht‘ ist. Das ist wahrlich eine rare Spezies. Zumindest den deutschen Artikel (das heißt: ein grammatikalisches Genus à la deutsches Sprachsystem) erhält praktisch jedes ‚Fremdwort‘ bei Verwendung in einem deutschen Satz, auch wenn's in der Aussprache (bzw. Schreibung) noch nicht ‚deutsch‘ klingt/ausschaut. Dazu kommen hier große Unterschiede hinsichtlich Toleranz/Verwendung im Hinblick auf soziale Gruppen und gesellschaftliche Domänen. So würde etwa *strange* jugendsprachlich kein ‚echtes‘ Fremdwort mehr sein, im Rahmen einer alltäglichen Kommunikation unter alten Menschen aber schon. Fazit: Man kommt mit diesen holzschnittartigen Etikettierungen nicht weiter, es gibt hier nur graduelle Unterschiede in einem fließenden, prozessualen Phänomenbereich" (E-Mail von Manfred Glauninger an den Autor, 11.5.2014).

Es ist völlig normal, dass Fernreisen, internationale Zusammenarbeit und globalisierte Produkte unsere Sprache verändern. Immer schon spiegelten sich die politischen, wirtschaftlichen und kulturellen Machtverhältnisse in Wörtern wieder, die in großer Zahl in die „schwächere" Sprache importiert wurden. Karl-Heinz Göttert, emeritierter Professor für ältere deutsche Literatur an der Universität Köln, hat die Entwicklung der deutschen Sprache erforscht:

> „Es gab und gibt dabei Wellenbewegungen. Die wichtigsten sind rasch aufgezählt: Im Frühmittelalter wurde das Deutsche mithilfe des (Mittel-)Lateinischen regelrecht aufgerüstet, und zwar von den Kulturtechniken wie dem Haus- oder Weinbau bis zu Religion und Kult. In der Renaissance spielte das italienische Banken- und Musikwesen eine Rolle. Von den Franzosen haben wir seit dem 17. Jahrhundert Wörter für die Mode genauso wie für das Militär. Seit dem frühen 19. Jahrhundert gewann das Englische an Einfluss, um 1900 lag es mit dem Französischen schon gleichauf (...). Nach dem Zweiten Weltkrieg kam es dann zur großen Flut" (Göttert 2013: S. 89).

Göttert stellt die Frage, wer noch daran denke, dass unsere *Uhr* genauso ein Lehnwort ist, nämlich aus dem Lateinischen *hora*. Und Göttert weist auf den *Wolkenkratzer* hin, der seinen Ursprung im englischen *Skyscraper* hat (vgl. ebd.: S. 90 ff.). Wenn wir heute eine Datei *downloaden*, ist das zumindest genauso gut verständlich, wie wenn wir sie herunterladen oder abspeichern. „Manager leiden unter Stress und haben danach ein Burn-out." Diese Aussage beschreibt ein klares Krankheitsbild. Weniger verständlich (wenn auch zugegebenermaßen sehr bildhaft ausgedrückt) wäre die Eindeutschung „Führungskräfte leiden unter Reizbarkeit und sind danach ausgebrannt.". Und wer sich winters an einem *Snowboard* erfreut, wird mit einem *Schneebrett* wenig Freude haben.

Verständlichkeitskonzepte

Bevor ich die Werkzeuge und Methoden zum Erzielen optimaler Verständlichkeit vorstelle, wollen wir uns mit dem Begriff Verständlichkeit auseinandersetzen und ihn von ähnlichen Begriffen abgrenzen. Die Sprachwissenschaft in den USA begann sich in den 1950er-Jahren mit der Verständlichkeit zu beschäftigen. Damals sprach man dabei allerdings von *readability*, was eigentlich *Lesbarkeit* bedeutet.

Lesbarkeit und Leserlichkeit

Umgangssprachlich wird zwischen *Lesbarkeit* und *Leserlichkeit* nicht unterschieden. Doch es handelt sich hier um Paronyme: Sie klingen sehr ähnlich, haben aber unterschiedliche Bedeutung. Bei den obersten Sprachnormierungsinstanzen Wahrig und Duden fehlt jedoch die Unterscheidung. Wahrigs Deutsches Wörterbuch behandelt *Lesbarkeit* und *Leserlichkeit* austauschbar (vgl. Wahrig 2011). Auch in Wahrigs Synonymwörterbuch wird dem Wort *lesbar* als Synonym *leserlich* gleichgestellt; der Ausdruck *leserlich* wird erst gar nicht eigens erwähnt (vgl. Wahrig 2013). Auch der Rechtschreib-Duden führt beide Begriffe kommentarlos (vgl. Duden 2006). Die Duden-Website bietet als Synonyme für *leserlich* lediglich Antonyme an, unter anderem *unleserlich* und *unlesbar*. Wie bei Wahrig werden keine Synonyme für den Begriff *leserlich* angeboten (http://www.duden.de/suchen/dudenonline/leserlich, 06.04.2014).

Lesbarkeit bezieht sich auf die inhaltliche Gliederung und den Sprachstil. Ein Text ist gut lesbar, wenn er flüssig geschrieben ist und in Absätze gegliedert. Auch die typografische Gestaltung des gesamten Textkorpus spielt eine Rolle für die Lesbarkeit. „Der abgesetzte Text ist leicht/schnell und unaufwendig lesbar, die Weißräume sind physiologisch (für den körperlichen Lesevorgang) und semantisch (für die kognitive

Verarbeitung des Gelesenen) optimal aufeinander abgestimmt" (Tiefenthaler 2013: S. 25). *Lesbarkeit* beschreibt die Qualität eines Prozesses, nämlich des Lesens. Lesbarkeit ist eine Voraussetzung für Verständlichkeit. Lesbarkeit beurteilt den gesamten Text, nicht einzelne Buchstaben. Seltener findet man dafür auch den Begriff *Fasslichkeit*.

Abb. 2.3: Lesbarkeit als Voraussetzung für Verständnis: Typografie

Jede gesellschaftliche Gruppe besitzt ihre eigene charakteristische Sprache. Gruppen müssen sich nicht geografisch oder national unterscheiden. Gruppen können sich auch aufgrund gemeinsamer privater, weltanschaulicher oder beruflicher Interessen bilden. Dabei können Gruppen auch zwischen mehreren Sprachen wechseln, je nach Umständen und Anlass. Wer als Richter beruflich die juristische Fachsprache verwendet, wird beim Tennis mit Freunden anders sprechen. Aber gibt es überhaupt „die" Fachsprache, „das" Juristendeutsch? Ein Richter wird als Rechtsprofessor im Hörsaal anders zu seinen Studierenden sprechen als zu Fachkollegen auf einem Juristenkongress. Sein Skriptum wird er wiederum anders abfassen als den Artikel in einer Fachzeitschrift. Bekannte Gruppensprachen sind z.B. die Jägersprache, die Gaunersprache oder die Sprachen von Menschen mit Migrationshintergrund (Türksprech). Die Sprachwissenschaft nennt solche Gruppensprachen Soziolekte oder Codes. Codes helfen, Gruppen nach innen abzugrenzen und nach außen darzustellen.

Quelle: Eigene Darstellung

Abbildung 2.3 zeigt einen schlecht lesbaren Text. Die Zeilenabstände sind zu klein, die Buchstaben zu fett (bold). Die Wortabstände sind unregelmäßig und reißen hässliche Löcher. Außerdem fehlen gliedernde Absätze.

Leserlichkeit (engl. *legibility*) geht näher an die einzelnen Wörter heran, bis zu den einzelnen Buchstaben. Die Typografen sprechen hier von Mikrotypografie. *Leserlichkeit* beschreibt ein Ergebnis, nämlich den Grad der Entzifferbarkeit. *Leserlichkeit* ist die Voraussetzung für Lesbarkeit. Ein Text ist z. B. unleserlich, wenn die Druckfarbe verblasst ist.

„Leserlichkeit: Die einzelnen Buchstaben sind gut leserlich/erkennbar, d. h. von einander unterscheidbar. Ihre individuellen Ausarbeitungen sind trotz ähnlicher oder verwandter Grundformen maximal unterschiedlich. Das b ist maximal b-haft, so wie das d maximal d-haft ist" (Tiefenthaler 2013: S. 25).

Das Nomen *Leserlichkeit* wird umgangssprachlich selten verwendet, während das Antonym *unleserlich* noch in Gebrauch ist: „Sie hat eine unleserliche Klaue".

Umgangssprachlich spricht man von gut oder schlecht *lesbarer* Typografie, meint jedoch die Buchstaben und Wortbilder, also gut oder schlecht *leserliche* Typografie. In den Begriff *Lesbarkeit* wird also umgangssprachlich die *Leserlichkeit* mit eingeschlossen. Ich möchte aber beide Begriffe getrennt weiterführen. Die Grenze zwischen *Leserlichkeit* und *Lesbarkeit* verläuft zwischen Einzelwörtern und Texten. Buchstaben und Wörter sind gut oder schlecht *leserlich*; Sätze und Textsorten sind gut oder schlecht *lesbar*. Erst der leserliche Text kann das Gehirn erreichen, und erst ein lesbarer Text kann auch verstanden werden (s. Abb. 2.4).

Abb. 2.4: Leserlichkeit von Schriften

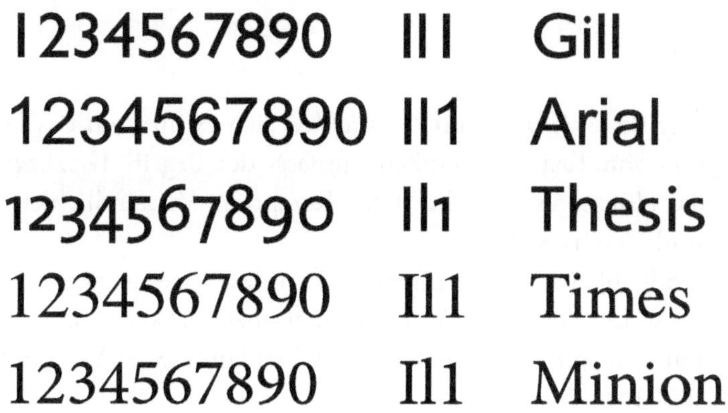

1234567890	I l I	Gill
1234567890	I l 1	Arial
1234567890	I l 1	Thesis
1234567890	I l 1	Times
1234567890	I l 1	Minion

Quelle: Eigene Darstellung

Bei der Schriftart Gill besteht zwischen den Buchstaben I (großes i), l (kleines L) und der Ziffer 1 kein sichtbarer Unterschied. Gill ist in diesem Anwendungsfall unleserlich. Bei der Schriftart Arial ist die Ziffer 1 gut leserlich, während die beiden anderen Buchstaben wiederum gleich aussehen. Die Schriftarten Thesis, Times und Minion unterscheiden diese drei Lettern deutlich, sie sind daher leserlicher.

Abb. 2.5: Leserlichkeit von Wörtern

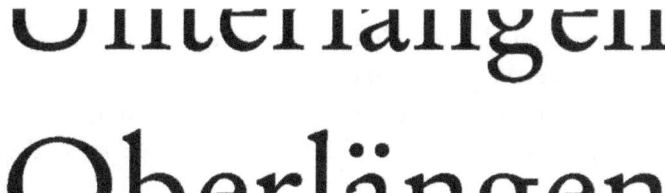

Quelle: Eigene Darstellung

Abbildung 2.5 zeigt zwei halb verdeckte Wörter. Das obere Wort lautet *Unterlängen*, bei ihm wurde die obere Hälfte abgedeckt. Die fehlenden Oberlängen machen das Wort unleserlich. Das untere Wort lautet *Oberlängen*. Hier wurden die Unterlängen abgedeckt, dennoch lässt sich das Wort noch erkennen. Wie ein Radar tastet unser Blick die Buchstabentopografie in sogenannten Sakkaden ab. Oberlängen sind deutliche Markierungen in der Textlandschaft. So lesen sich Texte in der gewohnten Groß-Klein-Schreibung des Deutschen besser als Texte in konsequenter Kleinschreibung. Als unternehmenstypisches Erkennungsmerkmal eignet sich konsequente Kleinschreibung (S. 153) allerdings gut für Unternehmen, deren Sprachstilkriterien Progressivität und Innovation lauten.

Verständlichkeit

Während die Begriffe *Lesbarkeit* und *Leserlichkeit* sich explizit auf das Lesen, also die visuelle Rezeption von Text beschränken, umfasst der Begriff *Verständlichkeit* mehr, nämlich auch das Hören, also die akustische Rezeption. Verständlichkeit schließt also Gesprochenes und Gehörtes ein.

„Mit Verständlichkeit sind die Eigenschaften des Textes gemeint, die das Verstehen fördern, sodass dem Text Informationen über Sachverhalte entnommen werden können" (http://de.wikipedia.org/wiki/Hamburger_Verständlichkeitskon zept, 01.04.2014).

Welche Eigenschaften sind es, die das Verstehen fördern? Wie kann man schwierige Sachverhalte verständlich formulieren? Sprachwissenschaftler haben immer wieder danach gesucht, welche Faktoren einen Text verständlich machen und welche Faktoren die Verständlichkeit behindern. Die jeweiligen Ergebnisse haben sie in mathematische Formeln gegossen und zu Indexen zusammengefasst. Ein Verständlichkeitsindex ist sozusagen der Body-Mass-Index unserer Satzmonster.

Flesch-Reading-Ease

Der 1911 in Wien geborene Rudolf Flesch emigrierte 1938 in die USA und verfasste dort mehrere Bücher über Verständlichkeit. In den 1950er-Jahren entwickelte er den Flesch-Reading-Ease, eine mathematische Formel zur Messung der Verständlichkeit von englischsprachigen Texten. Wobei Flesch den Ausdruck *readability* (Lesbarkeit) verwendete. Der Flesch-Reading-Ease, mit einer Skala von 0 bis 100, beschreibt die Verständlichkeit englischer Wörter und Sätze. Dabei wird deren Länge und Komplexität gemessen. Der Flesch-Reading-Ease berechnet die durchschnittliche Satzlänge und die durchschnittliche Silbenanzahl pro Wort. Je weniger Silben ein Wort hat und je kürzer ein Satz ist, desto größer ist die Verständlichkeit.

Flesch-Reading-Ease-Score

Von ...	*bis unter ...*	*Lesbarkeit*	*Verständlich für*
0	–30	Sehr schwer	Akademiker
30	–50	Schwer	
50	–60	Mittelschwer	
60	–70	Mittel	13–15-jährige Schüler
70	–80	Mittelleicht	
80	–90	Leicht	
90	–100	Sehr leicht	11-jährige Schüler

(http://de.wikipedia.org/wiki/Lesbarkeitsindex, abgerufen am: 20.10.2014)

Amstad-Formel

Der Schweizer Toni Amstad berechnete 1978, im Rahmen seiner Dissertation, die Flesch-Lesbarkeitsformel neu für die deutsche Sprache, deren Wörter und Sätze bekanntlich länger sind als englische.

Wiener Sachtextformel

Der Wiener Lehrer Richard Bamberger gründete 1965 das Internationale Institut für Jugendliteratur–und Leseforschung. Gemeinsam mit Erich Vanecek entwickelte er die Wiener Sachtextformel. Sie berücksichtigt den Anteil der Wörter mit drei oder mehr Silben. Wörter mit mehr als sechs Buchstaben werden ebenso gezählt wie der Anteil an einsilbigen Wörtern und die mittlere Satzlänge.

Hamburger Verständlichkeitskonzept

In den 1970er-Jahren entwickelten die Hamburger Psychologen Inghard Langer, Friedemann Schulz von Thun und Reinhard Tausch das Hamburger Verständlichkeitskonzept. Es beschreibt vier messbare Faktoren, die für Verständlichkeit ausschlaggebend sind:

– Einfachheit (kurze Sätze)
– Gliederung (ein Gedanke = ein Satz, das Wesentliche an den Anfang)
– Prägnanz (Verben statt Nomen)
– Anregung (unterstützende Grafiken, bildhafte Sprache)

In Tests wurde herausgefunden, dass vor allem die Faktoren Einfachheit und Gliede-rung, gefolgt von Kürze und Stimulation, zur höchsten Verständlichkeit führen.

Hohenheimer Verständlichkeitsindex

Einer der neueren Verständlichkeitsindexe wurde von der Universität Hohenheim und dem Institut für Verständlichkeit (H+H Communication Lab GmbH) entwickelt. Diese Formel ist der erste Meta-Index, da er mehrere bestehende Verständlichkeits-formeln in die Bewertung einfließen lässt. Zudem werden weitere Parameter wie der Anteil an Schachtelsätzen oder der Anteil zu langer Sätze berücksichtigt (vgl. https://www.uni-hohenheim.de/politmonitor/methode.php).

Der Hohenheimer Verständlichkeitsindex zeigt den Grad der Verständlichkeit auf einer Skala von 0 bis 20. Dabei erzielt ein wissenschaftlicher Text selten Werte ober-halb von 0, Standardunternehmenssprache erreicht meist Werte von 11 bis 15. Artikel in Boulevardzeitungen erzielen Werte um 16 bis 18.

Verständlichkeitssoftware

Frühere Verständlichkeitsindexe wurden manuell errechnet. Man berechnete eine Stichprobe von ca. 100 Wörtern. Heute ist es mithilfe des Computers möglich, die Verständlichkeit umfangreicher Texte, z. B. ganzer Bücher, automatisch zu berechnen.

TextLab

Eine Software zur Messung des Hohenheimer Verständlichkeitsindex, mit der ich gute Erfahrungen machen konnte, trägt den Namen TextLab. TextLab wurde 2006 von H&H Communication Lab GmbH in Ulm gemeinsam mit der Universität Hohen-heim entwickelt. Anlass war die behördliche Pflicht, Beipackzettel von Arzneimitteln auf Verständlichkeit zu prüfen. Grundlage der Berechnung sind der Amstad-Index, die Wiener Sachtextformel und der Hohenheimer Verständlichkeitsindex. TextLab ist eine Software, die Texte auf bis zu 70 unterschiedliche Sprachkriterien analysiert, auswertet und Verbesserungsvorschläge macht. Sie kann individuell auf den Corporate Code des jeweiligen Unternehmens konfiguriert werden und lässt sich ebenso einfach wie der MS-Word-Korrekturmodus anwenden. Eine Whitelist erlaubt schwer verständliche Wörter, wenn sie für das Unternehmen unersetzbar sind. Eine Blacklist markiert unverständliche Wörter und schlägt besser verständliche Synonyme vor. TextLab erkennt auch bürokratische Floskeln und überflüssige Füllwörter. Darüber hinaus können detaillierte Regeln zu Schreibweisen (z. B. Produktnamen, Datum, Uhrzeiten etc.) und zu fast allen Corporate-Code-Markern (S. 143 ff) hinterlegt werden.

Sehr praxisnah ist die Möglichkeit, bei TextLab unterschiedliche Verständlichkeitsniveaus, abgestimmt auf das Sprachniveau der Adressaten, festzulegen. Zu Beginn des Optimierungsvorgangs wählt man die Zielgruppe und bekommt auf einem Tachometer-Display den Zielindexwert angezeigt. Neben dem numerischen Indexwert hilft eine eindeutige Farbskala: Rot warnt vor schwerer Verständlichkeit, Orange signalisiert mittlere und Grün höchste Verständlichkeit. Nach dem Optimieren kann man seinen neu erreichten Wert ablesen und mit der Zielvorgabe vergleichen. Auf diese Weise ist es möglich, Benchmarks für die gesamte Korrespondenz eines Unternehmens festzulegen und nach einer definierten Zeit die Erreichung bzw. Einhaltung zu überprüfen.

Abb. 2.6: Screenshot der Software TextLab, Verständlichkeit

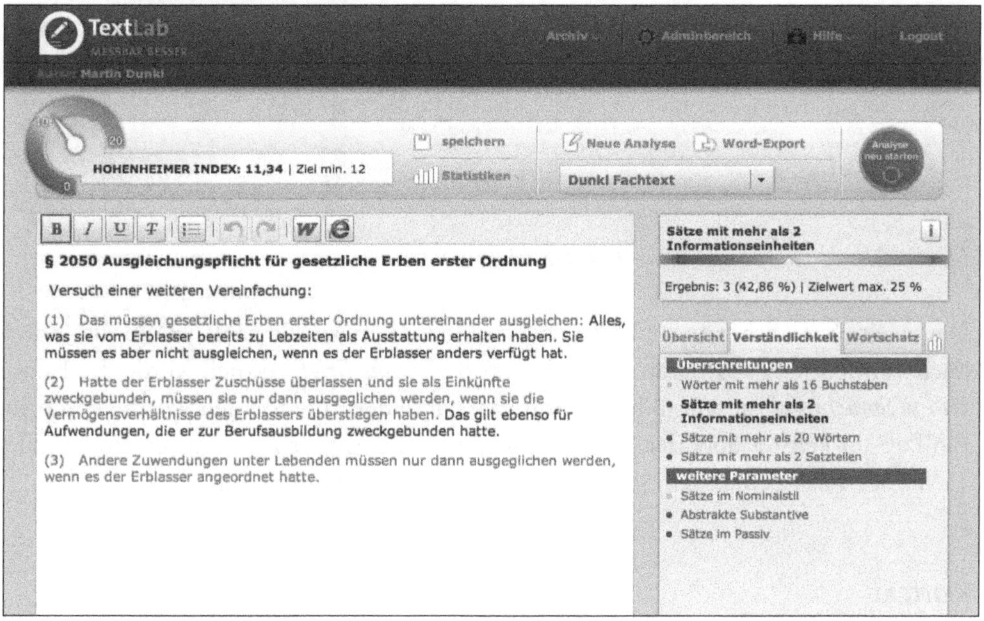

Quelle: H&H Communication Lab GmbH

Der Screenshot der Verständlichkeitssoftware TextLab (s. Abb. 2.6) zeigt eine Verständlichkeitsanalyse. Hier wurde soeben abgefragt, welche Sätze mehr als zwei Informationseinheiten beinhalten. Solche Sätze werden im Original rot (auf dieser Abbildung dunkelgrau) angezeigt. Der hier geprüfte – bereits optimierte! – Gesetzesparagraf erzielt nur einen Verständlichkeitsindex von 11,34. Der Benchmark für die gewählte Kategorie *Dunkl Fachtext* läge bei 12 und wurde somit knapp verfehlt.

Abb. 2.7: Screenshot der Software TextLab, individuelle Sprachregeln

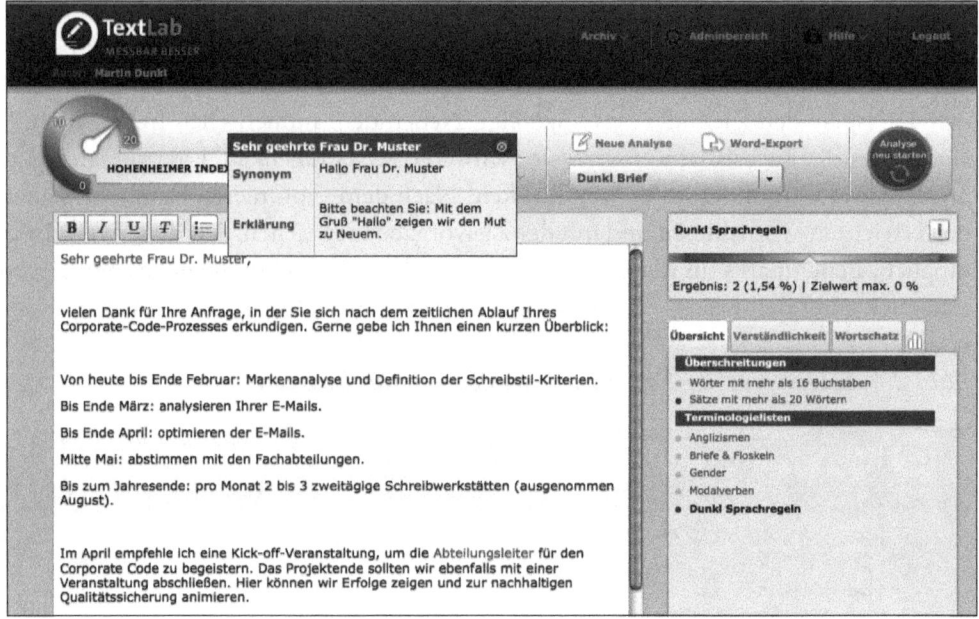

Quelle: H&H Communication Lab GmbH

Der zweite Screenshot (s. Abb. 2.7) zeigt einen Brieftext. Gewählt wurde die individuell konfigurierte Corporate-Code-Kategorie *Dunkl Brief.* Aktuell wurde der Faktor *Dunkl Sprachregeln* ausgewählt. Die Software hat in der Anrede einen Verstoß entdeckt. Ein Pop-up-Fenster über der Anrede schlägt vor, die Anrede *Hallo* zu verwenden. Der Tachometer zeigt einen sehr guten Indexwert von knapp unter 20.

Klartext

In jüngster Zeit haben bereits mehrere Unternehmen Aktivitäten gezeigt, um die Verständlichkeit ihrer Korrespondenz und ihres Informationsmaterials zu verbessern. Das Versicherungsunternehmen ERGO machte in Österreich, im Jahr 2013, seine Verständlichkeitsinitiative sogar zum Gegenstand einer umfassenden Werbekampagne. Auf den Plakaten konnte man die Headline lesen: „Ich will Klartext, keine Klauseln". Darunter stand der Slogan: „Versichern heißt Verstehen". Gleichzeitig verwendete der Konkurrent Generali Versicherung den Slogan: „Um zu verstehen, muss man zuhören". Dabei wurde das Wort *Verstehen* fett gedruckt. Im letzten Kapitel stelle ich die Fallstudie D.A.S. Rechtsschutzversicherung vor, die ihre Verständlichkeitsinitiative unter dem Namen *KlarText* durchgeführt hat.

Bürgernahe Sprache

Sogar Verwaltungen, Behörden und Regierungen werden sich allmählich ihrer sprachlichen Verantwortung bewusst. Unter der Bezeichnung *Bürgernahe Sprache* setzt man Maßnahmen für eine verständliche Amtsprache. Die Bayerische Staatsregierung hat im November 2008 eine 75-seitige Broschüre mit dem Titel „Freundlich, korrekt und klar – Bürgernahe Sprache in der Verwaltung" publiziert. Neben den allgemeinen Verständlichkeitsregeln finden sich dort auch grundlegende Sprachstilregeln:

> „So sollen bürgerfreundliche Schreiben sein: freundlich, persönlich, verständlich, präzise, effizient, sensibel für Geschlechtsunterschiede" (Bayer. Staatsministerium des Inneren 2008: S. 4).

Das österreichische Bundesland Steiermark erklärt in seinem „Legistischen Handbuch" aus dem Jahr 2011, wie auch Rechtsvorschriften verständlich formuliert werden können und müssen. Hier ein Beispiel daraus für die Verwendung des Wortes *können*:

> **„Können**
> *Das Wort ,können' ist mehrdeutig. Es kann damit ,vermögen', ,dürfen', ,sollen', unter Umständen sogar ,müssen' gemeint sein. Das Wort ,können' ist nur dann zu verwenden, wenn eindeutig eine Ermächtigung zu einer Ermessensentscheidung eingeräumt werden soll. (...) In allen anderen Fällen sind statt ,können' zu verwenden:*
>
> | **Für Gebote** | *müssen* |
> | | *sind zu* |
> | | *haben zu* |
> | **Für Verbote** | *dürfen nicht* |
> | | *sind verboten* |
> | **Für Ermächtigungen** | *dürfen* |
> | | *dürfen auch* " (Land Steiermark 2011: C-6) |

Diese Beispiele zeigen Maßnahmen, die von einzelnen Behörden oder Landesregierungen getroffen wurden. Aber welchen Stellenwert nimmt bürgernahe Sprache in den höchsten Instanzen der deutschsprachigen Staaten ein? Ich habe die deutschen und österreichischen Bundeskanzlerämter und die Schweizerische Bundeskanzlei um Auskunft gebeten:

Deutschland: Redaktionsstab Rechtssprache

Seit 2009 gibt es den Redaktionsstab Rechtssprache im Bundesministerium der Justiz und für Verbraucherschutz (BMJV). Er ist eine externe Arbeitseinheit des BMJV und firmiert als *Lex Lingua Gesellschaft für Rechts–und Fachsprache mbH*. Dort findet eine Sprachprüfung statt, wenn ein Bundesministerium den Redaktionsstab damit beauftragt, oder später im Rahmen der obligatorischen Rechtsprüfung. Die Leiterin des Redaktionsstabs, Stephanie Thieme, bedauert:

> „Leider sind Entwürfe in dieser Phase bereits weitestgehend fachlich und politisch abgestimmt, sodass selbst offensichtlich bessere sprachliche Lösungen nicht gern angenommen werden (...) Die Vorschläge zur Verbesserung der sprachlichen Qualität und der Verständlichkeit reichen von Korrekturen bei der Stellung der Satzglieder über die Klarstellung von inhaltlichen Bezügen bis zu strukturellen und terminologischen Veränderungen des Textes. Unsere Bearbeitung umfasst die mündliche und schriftliche Kommunikation mit den Verfassern bzw. den Bearbeitern des Entwurfs. Dabei sind juristische, fachliche und rechtsförmliche Belange zu berücksichtigen" (Thieme 2013: S. 5).

Hier das Vorher-Nachher-Beispiel einer erfolgreichen Sprachprüfung:

Vorher:

*Der Steuerpflichtige hat für den abgelaufenen Veranlagungszeitraum eine Einkommensteuererklärung abzugeben. Ehegatten haben für den Fall der Zusammenveranlagung (§ 26b) eine gemeinsame Einkommensteuererklärung abzugeben. Wählt einer der Ehegatten die getrennte Veranlagung (§ 26a) oder wählen beide Ehegatten die besondere Veranlagung für den Veranlagungszeitraum der Eheschließung (§ 26c), hat jeder der Ehegatten eine Einkommensteuererklärung abzugeben. Der Steuerpflichtige hat die Einkommensteuererklärung eigenhändig zu unterschreiben. Eine gemeinsame Einkommensteuererklärung ist von beiden Ehegatten eigenhändig zu unterschreiben.

Nachher:

> *Die steuerpflichtige Person hat für den Veranlagungszeitraum eine eigenhändig unterschriebene Einkommensteuererklärung abzugeben. Wählen Ehegatten die Zusammenveranlagung, haben sie eine gemeinsame Steuererklärung abzugeben, die von beiden eigenhändig zu unterschreiben ist"* (Thieme 2013: S. 6).

Österreich: Keine übergeordnete Instanz für verständliche Rechtssprache

Auch in Österreich gibt es, wie in Deutschland, nur Empfehlungen. Sie stammen aus dem Jahr 1991 und sind nachzulesen im „Handbuch der Rechtsetzungstechnik", insbesondere in Teil 1, mit dem Titel „Legistische Richtlinien 1990". Leider gibt es in Österreich keine vergleichbare Instanz wie den deutschen Redaktionsstab, die sich aktiv für verständliche Gesetzestexte engagiert. In der Regel weist der Verfassungsdienst des Bundeskanzleramts erst im Begutachtungsverfahren für neue Gesetze auf Verstöße hin. Im österreichischen Handbuch werden zwar die wichtigsten Regeln für Verständlichkeit in der Rechtssprache aufgeführt, aber man spürt, dass hier eher juristische Fachkräfte am Werk waren, denn sprachwissenschaftliche. In diesem Regelwerk geht es mehr um fachlich-juristische Klarheit als um bürgernahe Sprache. Das folgende Beispiel wirkt wenig bürgernah: Statt „Die Bewilligung wird nicht erteilt, wenn ..." wird empfohlen: „Die Bewilligung ist zu versagen, wenn ..." (vgl. Bundeskanzleramt 1990: S. 10). Zwar ist der Negativsatz in eine positive Form umgewandelt worden, was die Verständlichkeit erhöht, aber die angeblich bessere Lösung klingt reichlich bürokratisch. Das oben genannte Legistische Handbuch der Steiermärkischen Landesregierung geht in seinen Optimierungsvorschlägen viel weiter und ist auch übersichtlicher und didaktischer aufgebaut als sein Bundes-Pendant.

Schweizerische Redaktionskommission

Die Schweiz verfügt bereits seit 30 Jahren über eine *Verwaltungsinterne Redaktionskommission (VIRK)*!

> „(Die VIRK ist) zuständig für die sprachlich-redaktionelle Überprüfung der deutschen und französischen – in einigen wenigen Fällen auch der italienischen – Fassung von Erlassen. Die Mitglieder der VIRK sind Sprachexpertinnen und Sprachexperten aus den Sprachdiensten der Bundeskanzlei und Juristinnen und Juristen aus dem Bundesamt für Justiz. Diese interdisziplinäre Zusammensetzung der Kommission stellt sicher, dass sowohl das juristische als auch das sprachwissenschaftliche Wissen vorhanden sind und sich die beiden Perspektiven gegensei-

tig befruchten können" (http://www.bk.admin.ch/themen/lang/04921/05462/
index.html?lang=de, 05.04.2014).

Während in Deutschland und Österreich die Verständlichkeitsprüfung freiwillig ist,
wird in der Schweiz kein Gesetz verabschiedet, ohne zuvor sprachlich geprüft worden
zu sein.

Leichte Sprache

Die jüngste Entwicklung im Feld der Verständlichkeit und gleichzeitig einen Extrem-
fall für verständliche Sprache stellt die *Leichte Sprache* dar. *Leichte Sprache* richtet sich
an Menschen mit Lernbehinderung und ist ein Beitrag zur Barrierefreiheit. Erste Bestrebungen entstanden in den USA in den 1970er-Jahren unter dem Namen *Easy-
to-Read*. Der Verein *Netzwerk Leichte Sprache* wurde 2013 gegründet. Seine Mitglieder, deutsche und österreichische karitative Organisationen, Sozialunternehmen und
Einzelpersonen, engagieren sich dafür, dass Gesetzestexte, Behördenschreiben und
Gebrauchsanleitungen auch von Menschen mit Lernbehinderung verstanden werden
können.

Die Europäische Vereinigung von Menschen mit geistiger Behinderung und ihrer Familien, *Inclusion Europe*, hat ein Piktogramm entwickelt, das Texte in Leichter
Sprache auszeichnet. Autoren, die die Regeln für Leichte Sprache befolgen und die
ihre Texte von Betroffenen testen lassen, dürfen solche Texte mit dem Leichte-Sprache-
Zeichen kennzeichnen.

Abb. 2.8: Das Leichte-Sprache-Kennzeichen von Inclusion Europe

Quelle: http://www.inclusion-europe.com/etr/en/european-logo, abgerufen am: 01.04.2014

Für Leichte Sprache gelten prinzipiell die gleichen Basisregeln der Verständlichkeit wie
ich sie weiter unten darstellen werde. Aber diese Regeln sind für die Leichte Sprache

weitaus strenger. Fachwörter und Komposita sind grundsätzlich verboten. Jedes Kompositum muss in Einzelwörtern mit Bindestrich geschrieben werden, also

Lern-Schwierigkeiten statt *Lernschwierigkeiten* und
Heim-Beirat statt *Heimbeirat*.

Auch vom Genitiv wird abgeraten. Das Netzwerk Leichte Sprache fordert, die Genetivschreibung, beispielsweise bei „Das Haus des Lehrers", zu vermeiden und empfiehlt, „Das Haus vom Lehrer" oder „Das Haus von dem Lehrer" zu sagen. Selbst von komplexen Zahlen wird abgeraten. Statt „1867" solle man „Vor langer Zeit" sagen oder „Vor mehr als hundert Jahren" (vgl. http://www.leichtesprache.org/, 01.04.2014). Leichte Sprache will die Standardsprache nicht ersetzen, sondern ein Zusatzangebot für Menschen mit Lernbehinderung sein.

Das Niedersächsische Justizministerium in Hannover verwendet seit 2014 für Menschen mit Lernbehinderung eine „Zeugenladung mit wichtigen allgemeinen Hinweisen":

„Sehr geehrter Herr Huber,
Anna Müller muss vor Gericht.
Die Staats·anwaltschaft klagt Anna Müller an.
Sie müssen vor Gericht als Zeuge aussagen.
Dafür gibt es einen Gerichts·termin.
Der Gerichts·termin ist vor dem Straf·richter.
Der Gerichts·termin ist am 17.03.2014.
Der Gerichts·termin ist um 9 Uhr.
Der Gerichts·termin ist im Amts·gericht Celle.
Das Amts·gericht Celle ist am Schloßplatz 1 in 29221 Celle.
Sie müssen zum Raum 220 gehen.

Wichtig:
Sie müssen zu dem Gerichts·termin kommen.
Sie haben vielleicht schon eine Aussage gemacht.
Zum Beispiel:
　　– Bei der Polizei.
　　– Oder vor Gericht.
　　– Oder bei einer Staats·anwaltschaft.
　　– Oder in einer früheren Haupt·verhandlung.
Sie müssen trotzdem zu diesem Gerichts·termin kommen.
Das ist sehr wichtig.

Bitte kommen Sie pünktlich.
Bitte warten Sie vor Raum 220.
Sie werden aufgerufen.
Wenn Sie in den Raum 220 kommen sollen.

Der Gerichts·termin beginnt um 9 Uhr.
Bitte kommen Sie etwas früher.
Weil Sie beim Betreten vom Gerichts·gebäude kontrolliert werden.
Das ist wichtig für die Sicherheit von allen Personen.
Manchmal müssen Sie warten.
Vielleicht müssen Sie auch etwas länger nach dem Raum suchen.
Kommen Sie daher bitte früher.
Damit Sie pünktlich zu dem Gerichts·termin kommen.
Und damit der Gerichts·termin pünktlich anfangen kann" (Tonn 2014).

Diese Zeugenladung für Menschen mit Lernbehinderung in Leichter Sprache wurde von Angela Tonn erarbeitet, als Folgeauftrag einer Seminararbeit an der Uni Hildesheim. Die Autorin verwendet Mediopunkte anstelle von Bindestrichen, um Komposita lesbarer zu machen und um das inflationäre Verwenden von Bindestrichen zu vermeiden. Gehörlose Testleser haben ihr dazu positives Feedback gegeben (E-Mail an den Autor am 12.03.2014).

Leichte Sprache und Empfängerorientierung

Die österreichische Expertin für Leichte Sprache, Walburga Fröhlich, weist darauf hin, dass es in der Praxis schwer ist, mit Leichter Sprache alle Menschen zu erreichen, da Sprache auch immer *Ansprache* sei:

> „Menschen werden durch Texte nicht nur informiert, sondern auch als Person angesprochen. Und sie fühlen sich nur dann gut angesprochen, wenn sie mit ihren Vorerfahrungen, ihren Fähigkeiten und ihren Sprachkompetenzen eine Andockstelle zum Text vorfinden. (...) Für wirkliche Teilhabe brauchen wir eine zielgruppengerechte Sprache. (...) Zielgruppengerechte Information baut auf dem Sprachvermögen sowie den Vorerfahrungen und dem Vorwissen der Zielgruppe auf. (...) Auf dieser Ebene wird nicht schlicht Inhalt von schwerer in Leichte Sprache übersetzt, sondern im gelungenen Fall dessen Kern samt dem *Charakter* des Absenders vermittelt" (Fröhlich, Walburga in: eNewsletter Wegweiser Bürgergesellschaft 24/2013 vom 20.12.2013).

Das Bemühen um Verständlichkeit im Corporate Code

Der Exkurs in die Leichte Sprache zeigt, dass es schon einiger Mühe bedarf, wenn man komplexe Sachverhalte verständlich ausdrücken möchte. Sprachproduktion ist schwieriger als Sprachrezeption. Ein normales Kind erwirbt seine erste Sprache mühelos und automatisch, vermutlich nach einer allen Menschen eigenen Ur-Grammatik. Zweisprachig aufwachsende Kinder können sogar zwei Sprachen gleichzeitig ohne Lernmühen erwerben. Echter Zweitspracherwerb ist aufwendiger. Auch das perfekte Beherrschen von verständlicher Unternehmensstandardsprache, also auch von Corporate Code, muss ähnlich einem Zweitspracherwerb erarbeitet werden.

„Also Schreiber: Wollt Ihr gelesen werden? Dann erkennt das Problem! Studiert, was man beherzigen muss! Plagt Euch! Geht mit der Sprache so um, dass Eure Wunschleser Euch mühelos verstehen, Euch bis zum Ende folgen und Euch mögen!" (Schneider 2007: S. 15).

Dieser Appell des Journalistenausbilders Wolf Schneider mag für Textproduzenten auf den ersten Blick abschreckend wirken, aber wer einmal die Grundprinzipien der Verständlichkeit verinnerlicht hat, dem fällt es nicht schwer, verständlich zu formulieren.

Vielleicht fragen Sie sich nun, wie es möglich ist, dass in der Literatur Monstersätze mit 50 und mehr Wörtern vorkommen, die dennoch verständlich sind? Der Unterschied liegt im künstlerischen Anspruch. Eine Schriftstellerin oder ein Schriftsteller ringt viele Stunden, manchmal Tage, um einen perfekt formulierten Satz. So können am Ende auch lange Sätze nicht nur ästhetisch sein, sondern auch verständlich zu lesen. Dem Schriftsteller Thomas Mann wird der Ausspruch zugeschrieben: „Ein Schriftsteller ist jemand, dem das Schreiben schwerfällt." Angestellte in Unternehmen und Beamtinnen und Beamte haben wenig Muße für ihre Korrespondenz. Hier gilt die Regel: Je kürzer die Sätze, umso besser sind sie.

Die sechs Basisregeln für Verständlichkeit

Im Folgenden werden die wichtigsten Regeln für verständliche und zeitgemäße Unternehmensstandardsprache vorgestellt:

1. **Einfache, kurze Sätze**
2. **Verben statt Nominalkonstruktionen**
3. **Aktiv–statt Passivsätze**

4. **Positiv formulieren**
5. **Floskelscanner einschalten**
6. **Verdoppelungen und nichtssagende Wörter einsparen**

Basisregel 1: Einfache, kurze Sätze

Sieben bis zehn Wörter

Lang: **Vielen Dank für Ihre Nachricht, die wir umgehend bearbeiten werden.*

Kurz: *Vielen Dank für Ihre Nachricht. Wir bearbeiten sie umgehend.*

Keine Einschübe

Lang: **Sie können, da die Frist vorüber ist, nicht stornieren.*

Kurz: *Sie können nicht stornieren. Die Frist ist vorüber.*

Keine Verschachtelungen

Lang: **Die Artikel, die Sie bestellt haben, wofür wir uns bedanken, erhalten Sie spätestens nach drei Werktagen.*

Kurz: *Vielen Dank für Ihre Bestellung. Sie erhalten Ihre Artikel spätestens nach drei Werktagen.*

Keine Unterordnungen und Unterunterordnungen

Lang: **Ein entsprechendes Schreiben, das Dr. Mustermann, der von der Gegenseite als Rechtsvertretung bestellt wurde, in der Sache verfasst hat, ist bei uns eingegangen.*

Kurz: *Gestern haben wir in der Sache ein Schreiben von Dr. Mustermann erhalten. Die Gegenseite hat ihn als Rechtsvertreter bestellt.*

Keine Vor–und Rückgriffe

Lang: **Weil Sie mit der Ware unzufrieden waren, schickten Sie uns, da unser Geschäft geschlossen war, Ihren Stornowunsch per Post.*

Kurz: *Sie waren mit der Ware unzufrieden. Weil unser Geschäft geschlossen war, schickten Sie uns Ihren Stornowunsch per Post.*

Lang: **Nach Abschluss der Messe und dem Vorliegen aller Rechnungen, inkl. der Schlussrechnung, erhalten Sie die detaillierten Kosten, die, wie in den Jahren zuvor, anteilig durch die Gemeinschaftsstandpartner geteilt werden.*

Kurz: *Sie erhalten die detaillierten Kosten, wenn nach dem Messeabschluss alle Rechnungen (inkl. Schlussrechnung) vorliegen. Wie in den Jahren zuvor, werden die Rechnungen anteilig durch die Partner des Gemeinschaftsstands geteilt.*

Lang: **Im Nachhang zum Schreiben unserer Geschäftleitung in Beantwortung Ihres Schreibens vom 20. Juni 2007 betreffend Geruchsbelästigung im Restaurantbereich wird mitgeteilt, dass die Hausverwaltung bekanntgegeben hat, dass es im Restaurantbereich keine Funktionsstörungen bei der Belüftungsanlage gibt und auch keine diesbezüglichen Beschwerden bekannt sind.*

Kurz: *Sie haben uns am 20. Juni eine Geruchsbelästigung im Restaurantbereich mitgeteilt. Am 27. Juni 2007 haben wir Ihr Schreiben beantwortet. Nun hat die Hausverwaltung mitgeteilt, dass es keine Funktionsstörungen bei der Belüftungsanlage gibt. Es sind uns keine weiteren Beschwerden bekannt.*

Gefahr von Kasernenton bei kurzen Sätzen

Auch wenn ich die Kürze von Sätzen als Erfolgsgarantie für die Verständlichkeit an den Anfang gestellt habe, muss ich auf die stilistisch negative Wirkung vieler kurzer Sätze hinweisen. Der folgende Text ist durch kurze Sätze gut verständlich. Aber er wirkt kurz angebunden und unhöflich (Kasernenton):

*Sie möchten Ihre Bestellung stornieren. Wir können Ihre Stornierung nicht annehmen. Die Stornofrist ist überschritten.

Nachdem Sie durch kurze Sätze für optimale Verständlichkeit gesorgt haben, können Sie anschließend die kurzen Sätze miteinander verknüpfen und ein milderndes leider einfügen:

Sie möchten Ihre Bestellung stornieren. Leider können wir Ihre Stornierung nicht annehmen, weil die Stornofrist überschritten ist.

Nun hat der zweite Satz zwar mehr als zehn Wörter (zwölf), aber der Text wirkt harmonischer.

Übungen 1 – Kurze Sätze

Im Folgenden finden Sie Vorher-Nachher-Übungen, die Ihnen helfen sollen, sich das Gelernte durch praktische Übung anzueignen. Zu jeder Übungsfrage gibt es mehr als nur eine Lösungsmöglichkeit. Vermutlich wird Ihr Lösungsvorschlag in vielen Fällen von der vorgeschlagenen Lösung abweichen, aber höchstwahrscheinlich wird Ihre Lösung besser verständlich sein als der Ursprungstext! Lösungsvorschläge finden Sie ab S. 79.

Bezwingen Sie die Satzmonster, zerteilen Sie sie in kurze Sätze!

Übung 1.1
Vorher: *Bezug nehmend auf Ihre Frage nach einer geschäftlichen Zusammen-
             arbeit müssen wir Ihnen leider mitteilen, dass unsere Geschäftsleitung
             derzeit keinen Bedarf sieht.

Nachher?   ....

             ....

Übung 1.2
Vorher: *Wir freuen uns, Ihnen hiermit mitteilen zu können, dass wir Ihnen das
             Ergebnis Ihres Auftrags vom 17. Juni 2008 zur Erstellung der Express-
             prüfung XY 12345 übermitteln können.

Nachher?   ....

             ....

Übung 1.3
Vorher: *Wir dürfen annehmen, dass diese Wertpapieraufstellung von Ihnen für
             richtig befunden wurde, wenn nicht innerhalb von vier Wochen nach
             Erhalt dieses Auszuges eine schriftliche Einwendung an uns abgesandt
             wird.

Nachher?   ....

             ....

             ....

Übung 1.4
Vorher: *Wir beziehen uns auf Ihren Anruf vom 18.03.2014 und haben für Sie
             die folgenden Berechnungen für eine Ratensenkung ab 01.04.2104
             – unter Berücksichtigung der Sondertilgung in Höhe von 7000 EUR –
             vorgenommen:

Nachher?   ....

....

....

Übung 1.5

Vorher:

Als ausländischer Antragsteller erkläre ich, meinen ordentlichen Wohnsitz in Österreich zu haben, und erteile hiermit den unwiderruflichen Auftrag, die zum gegenständlichen Bausparvertrag allenfalls gutgeschriebenen Bausparprämien innerhalb der steuergesetzlichen Mindestbindungsfrist nicht an mich zur Auszahlung zu bringen, sondern mit der zuständigen Finanzamtsdirektion rückzuverrechnen.

Nachher?

....

....

....

....

....

Übung 1.6

Vorher:

Schadenersatzanspruch kann nur innerhalb von sechs Monaten, nachdem der oder die Anspruchsberechtigten vom Schaden Kenntnis erlangt haben, spätestens jedoch drei Jahre nach dem anspruchsbegründenden Ereignis – eingeschränkt auf die vom Leistungsnehmer abgedeckten Aufgabenbereiche – gerichtlich geltend gemacht werden.

Nachher?

....

....

....

....

Übung 1.7

Vorher: *Beiliegend übermitteln wir ein Verzeichnis unserer Leistungen und ersuchen die Bekanntgabe Ihrer Wünsche auf unserem Bestellformular.*

Nachher?   ....

....

Übung 1.8

Vorher: *Falls Sie an unserem Angebot Interesse haben, wenden Sie sich bitte an Ihren Betreuer, der Sie über die einfachste Abwicklung informieren wird.*

Nachher?   ....

....

Übung 1.9

Vorher: *Als Anlieger des im Betreff angeführten Grundstücks möchten wir Sie über unsere Absicht informieren, dieses Grundstück zu verkaufen.*

Nachher?   ....

....

Übung 1.10

Vorher: *Für den Fall, dass diese Verschwiegenheitsverpflichtung auch nur bei einem Teil der Unterlagen oder Informationen verletzt wird, hat der Informationsempfänger unabhängig vom Anlass der Vertraulichkeitsverletzung dem Informationsgeber auf dessen Anforderung innerhalb von einer Woche eine nicht dem richterlichen Mäßigungsrecht unterliegende Vertragsstrafe von 75.000 EUR je Vertraulichkeitsverstoß zu leisten und unabhängig davon alle darüber hinausgehenden Schäden und Aufwendungen zu ersetzen.*

Nachher?   ....

....

....

....

Basisregel 2: Verben statt Nominalkonstruktionen

Nominalkonstruktionen sind (satzwertige) Phrasen, in denen ein Nomen die Rolle eines Verbs übernimmt. Dieses Nomen erfordert ein zweites Verb, dadurch wird der Satz länger. Zum Beispiel wird aus dem Verb *zustellen* das Nomen *Zustellung* samt dem Verb *erfolgen*.

Nominal: *Die Zustellung der Ware erfolgt in der kommenden Woche.*
Verbal: *Die Ware wird kommende Woche zugestellt.*

Nominal: *Sie wünschen den Verkauf Ihres Grundstücks.*
Verbal: *Sie möchten Ihr Grundstück verkaufen.*

Nominalkonstruktionen sind typisch für Behördensprache. Sie wirken autoritär und unpersönlich, weil sie ein abgeschlossenes Ergebnis ausdrücken, an dem nicht mehr zu rütteln ist („Die Entscheidung erfolgt …"). Verbalkonstruktionen hingegen beschreiben einen Prozess, der noch nicht abgeschlossen ist („Wir entscheiden …"). Bei Verbalkonstruktionen ist das Ergebnis noch offen. Sie wirken daher freundlicher. Wenn Sie Nominalkonstruktionen durch Verbalkonstruktionen ersetzen, erhalten Sie auch kürzere und damit besser verständliche Sätze.

Nominalisierungen (auch Substantivierung genannt) werden von manchen Autoren auch positiv gesehen. Im Lehrbuch „Stilistik für Journalisten" verteidigen die Autoren die Substantivierung:

„Die Substantivierung (…) ist ein altes Mittel der Wortbildung (…). Das Vordringen nominaler Konstruktionen (…) ist ein objektiver und historisch notwendiger Prozess, der durch zwei Haupttendenzen der Sprachentwicklung gekennzeichnet ist: die Tendenz zur Abstraktion und Verallgemeinerung (…) und die Tendenz zur Sprachökonomie, die zur Konzentration komplexer Inhalte in geeignete sprachliche Form zwingt" (Kurz 2010: S. 58).

Aber genau diese Abstraktion erschwert das Verständnis. Sie ist deshalb nur für wissenschaftliche Fachtexte geeignet und wird dort erwartet und geduldet. Weil Nominalkonstruktionen auch typisch für empfängerfeindlichen Stil sind, wird ihre empfängerfeindliche Wirkung im Kapitel *Empfängerorientierung* (S. 89) genauer beschrieben.

Übungen 2 – Verben statt Nominalkonstruktionen
Vertreiben Sie die Wortmonster namens Nominalkonstrukt, ersetzen Sie sie durch Verben!

Übung 2.1
Vorher: *Daher ist die Erteilung einer Genehmigung für das Verteilen von Werbematerial auf unserem Betriebsgelände nicht vorgesehen.*

Nachher?   ....

....

Übung 2.2
Vorher: *Um weitere Bestellungen durchführen zu können, bitten wir um Begleichung der folgenden Rechnungen.*

Nachher?   ....

....

Übung 2.3
Vorher: *Wir ersuchen um Übermittlung der Endversion.*

Nachher?   ....

Übung 2.4
Vorher: *Falls Sie weiterhin Interesse am Erwerb dieses Grundstückes haben, ersuchen wir um Kontaktaufnahme mit Frau Mustermann.*

Nachher?   ....

....

Übung 2.5
Vorher: *Bei Einhaltung aller behördlichen Auflagen können Sie eine Landesförderung in Anspruch nehmen.*

Nachher? ....

....

Übung 2.6
Vorher: *Um Ihren Antrag der Bearbeitung zuführen zu können, benötigen wir
die Beantwortung der folgenden Fragen:

Nachher? ....

....

Übung 2.7
Vorher: *Wir bitten daher um Übersendung der Unterlagen des Strafverfahrens.

Nachher? ....

Übung 2.8
Vorher: *Es ist Ihnen bewusst, dass keine Verpflichtung der Firma Immokauf zur
Annahme Ihres Angebotes besteht.

Nachher? ....

....

Übung 2.9
Vorher: *Die Fertigstellung des Verkaufslokals ist bis Ende des Jahres zu erwarten.

Nachher? ....

Übung 2.10
Vorher: *Wir sind um eine Verbesserung der Leitungsqualität bemüht.

Nachher? ....

....

Basisregel 3: Aktiv- statt Passivsätze

Aktivsätze sind kürzer als Passivsätze. Die Aktivform nimmt den Adressaten ernst, sie versetzt ihn in eine handelnde Rolle und spricht ihn persönlich an.

Passiv: *Sollte die ausstehende Prämie nicht fristgerecht beglichen werden ...*
Aktiv: *Wenn Sie die ausstehende Prämie nicht fristgerecht begleichen ...*

Durch die Aktivform tritt auch der Absender persönlich hervor, während die Passivform die Verantwortlichkeit des Absenders versteckt und anonym wirkt.

Passiv: *Daher können im Moment keine Anfragen bearbeitet werden.*
Aktiv: *Daher können wir im Moment keine Anfragen bearbeiten.*

Übungen 3 – Aktiv- statt Passivsätze
Formulieren Sie die folgenden Übungssätze in aktiver Form. Bekennen Sie sich zu Ihrer Verantwortung und sprechen Sie Ihr Gegenüber direkt und aktiv an.

Übung 3.1
Vorher: *Dies kann bei Bestellungen per E-Mail leider nicht gewährleistet werden.*

Nachher?   ....

Übung 3.2
Vorher: *Daher können im Moment keine Anfragen bearbeitet werden.*

Nachher?   ....

Übung 3.3
Vorher: *Da die Sicherheit als oberste Prämisse in unserem Unternehmen gesehen
               wird ...*

Nachher?   ....

               ....

Übung 3.4
Vorher: *Ihre Bank hat uns mitgeteilt, dass die fällige Prämie nicht von Ihrem Konto*

abgebucht werden konnte.

Nachher? ....

....

Übung 3.5
Vorher: *Sollte die ausstehende Prämie nicht fristgerecht beglichen werden ...*

Nachher? ....

Übung 3.6
Vorher: *Von einer Übereinstimmung der Daten wird ausgegangen.*

Nachher? ....

Übung 3.7
Vorher: *Die Kandidatinnen und Kandidaten werden bei einem Hearing von uns befragt.*

Nachher? ....

....

Übung 3.8
Vorher: *Die Reklamation wird von unserer Technikabteilung geprüft.*

Nachher? ....

Übung 3.9
Vorher: *Sie werden eingeladen, sich bis zum 21.04.2014 zu bewerben.*

Nachher? ....

Übung 3.10
Vorher: *Wie gewünscht, wird die Garantie verlängert.*

Nachher? ....

Basisregel 4: Positiv formulieren

Positive Formulierungen sind verständlicher als doppelte Verneinungen wie *nicht ohne*.

Negativ: **Verlassen Sie das Gelände nicht ohne vorherige Abmeldung.*
Positiv: *Verlassen Sie das Gelände erst nach Ihrer Abmeldung.*

Negativ: **Ohne Schutzkleidung darf das Objekt nicht betreten werden.*
Positiv: *Das Objekt darf nur mit Schutzkleidung betreten werden.*
Falls es sich um einen akuten Warnhinweis handelt:
                Betreten Sie das Objekt nur mit Schutzbekleidung!

Übrigens: Mit positiven Formulierungen lassen sich unangenehme Aussagen leichter „verkaufen". Dieser Dreh ins Positive ist Bestandteil der Empfängerorientierung im Rahmen von Corporate Code. Der Psychologe und Mediator Marshall B. Rosenberg (S. 92) berichtet von einer Mediation, bei der er zwischen Schülern und ihrer Direktion vermitteln musste: Die Schüler hatten eine Liste mit 38 Missständen verfasst, deren Beseitigung sie forderten. Der Direktor gab nicht nach. Daraufhin veranlasste Rosenberg die Schüler, anstatt der negativen Formulierungen nur zu beschreiben, welche konkreten Handlungen sie glücklich machen würden. „Am Tag darauf brachten die Schüler ihre Bitten vor und benutzten dabei die positive Handlungssprache (...); an diesem Abend bekam ich einen begeisterten Anruf von ihnen: Ihr Schulleiter hatte allen 38 Bitten zugestimmt!" (Rosenberg 2002: S. 82).

Übungen 4 – Positiv formulieren
Ersetzen Sie die doppelten Verneinungen durch einen positiven Ausdruck!

Übung 4.1
Vorher: **Wir haben Ihre Unterschrift noch nicht erhalten.*

Nachher?   ....

Übung 4.2
Vorher: **Sie können nicht bestellen, wenn Sie nicht zuvor bezahlt haben.*

Nachher?   ....

Übung 4.3

Vorher: *Der von Ihnen geplante Baubeginn ist mangels Bewilligung nicht möglich.

Nachher? ....

....

Übung 4.4

Vorher: *Keiner der Vertragspunkte außer dem Honorar ist strittig.

Nachher? ....

Übung 4.5

Vorher: *Niemand außer unserer Geschäftsleiterin ist zeichnungsberechtigt.

Nachher? ....

Übung 4.6

Vorher: *Bitte beachten Sie: Wenn Sie Ihre Miete nicht gezahlt haben, dürfen Sie die Garage nicht benutzen.

Nachher? ....

....

Übung 4.7

Vorher: *Bisher haben wir solche Anträge noch nie ohne Behördenstempel angenommen.

Nachher? ....

....

Übung 4.8

Vorher: *Bitte haben Sie Verständnis, dass unter Zeitmangel keine zufriedenstellende Lösung gefunden werden kann.

Nachher? ....

....

Übung 4.9

Vorher: *Unser Montageteam kann nicht zeitgerecht vor Ort sein, wenn die
              Terminangabe fehlt.*

Nachher?   ....

             ....

Übung 4.10

Vorher: *In keinem der Kartons fehlte eine Gebrauchsanleitung.*

Nachher?   ....

Basisregel 5: Floskelscanner einschalten

Sie kommunizieren klar und direkt mit den Geschäftspartnern und brauchen keine altmodischen Floskeln. Viele Korrespondenzfloskeln sind wir so gewohnt, dass wir ihre bürokratische Wirkung nur unbewusst wahrnehmen. Aber Floskeln mindern die Verständlichkeit. Schalten Sie Ihren Floskelscanner ein!

Floskel: *Bezug nehmend auf Ihre oben angeführte Reklamation ...*
Zeitgemäß: *Wir haben Ihre Reklamation vom 01.02.2014 erhalten.*
Oder: *Sie haben uns am 01.02.2014 eine Reklamation geschickt.*

Einige Floskeln sind so überflüssig, dass sie ersatzlos gestrichen werden können:
Floskel: *Wir möchten Ihnen mitteilen ...*
Oder: *Hierzu teilen wir Ihnen mit ...*
Zeitgemäß: Entfällt ersatzlos, schließlich haben wir in jedem Brief etwas mitzuteilen!

Anlage

Das in Österreich übliche Wort *Beilage* könnte andernorts an Salat oder Gemüse zur Hauptspeise erinnern. Noch schlimmer ist die Floskel „Beiliegend schicke ich Ihnen". Sie bedeutet wörtlich, dass sich der Absender selbst im Kuvert befindet („Ich liege bei")! Das sollten wir eher nicht suggerieren. Auch kann – falls es sich um ein E-Mail handelt – nichts *anliegen* oder *beiliegen*, sondern höchstens angefügt oder angehängt sein.

Wenn es sich um das Attachment zu einem E-Mail handelt:

Floskel:	*Anliegend senden wir Ihnen ...
Oder:	Anliegend erhalten Sie ...
Zeitgemäß:	Hier erhalten Sie ...
	Hier schicke ich Ihnen ...
	Hier ist ...
	Die XY-Datei habe ich angehängt.

Wenn es sich um einen herkömmlichen Postbrief handelt:

Floskel:	*Als Anlage erhalten Sie ...
Oder:	In der Anlage erhalten Sie ...
Zeitgemäß:	Mit diesem Schreiben erhalten Sie ...
	Hier erhalten Sie ...
	Hier schicke ich Ihnen ...
	Hier ist ...
	Dazu erhalten Sie ...

Übungen 5 – Floskelscanner einschalten

Für viele Formulierungen, die Sie täglich verwenden, gibt es mittlerweile zeitgemäße Ausdrucksweisen. Um Bürokratismen zu entdecken, hilft es, sich die Frage zu stellen: Wie würde ich es am Telefon ausdrücken?

Friedrich Nietzsche schrieb in seinem Decalog „Zur Lehre vom Stil":
> „Man muß erst genau wissen: ‚So und so würde ich dies sprechen und *vortragen*' – bevor man schreiben darf. Schreiben muß eine Nachahmung sein" (zitiert nach Gauger: S. 232. Hervorhebung durch Nietzsche).

Übung 5.1

Vorher: *Dankend bestätigen wir den Erhalt Ihres Mails.

Nachher? ....

Übung 5.2

Vorher: *Wir möchten darauf hinweisen, dass, um die volle Garantie zu erhalten, die Einhaltung der Serviceintervalle verpflichtend ist.

Nachher? ....

....

Übung 5.3

Vorher: *Gemäß Ihrer Bestellung liefern wir Ihnen den beiliegenden Prüfungsbericht als PDF-Dokument und bitten um E-Mail-Bestätigung des Erhalts.*

Nachher? ....

....

Übung 5.4

Vorher: *In Beantwortung Ihres Schreibens wird mitgeteilt, dass bisher keine diesbezüglichen Beschwerden bekannt geworden sind.*

Nachher? ....

....

Übung 5.5

Vorher: *Wir ersuchen Sie um Übermittlung Ihres Angebots.*

Nachher? ....

Übung 5.6

Vorher: *Ich darf mich für Ihr Gutachten bedanken und Sie einladen, eine entsprechende Honorarnote zu übermitteln.*

Nachher? ....

....

Übung 5.7

Vorher: *Wir bestätigen hiermit die Annahme des im Betreff genannten Antrages.*

Nachher? ....

Übung 5.8

Vorher: *Wir machen Sie darauf aufmerksam, dass ...*

Nachher? ....

Übung 5.9

Vorher: *Wir kommen zurück auf Ihren Vorschlag für einen außergerichtlichen Vergleich. Dazu halten wir fest, dass wir diesen nicht annehmen können, unterbreiten Ihnen aber folgenden Vorschlag.

Nachher? ....

....

....

Übung 5.10

Vorher: *Wir ersuchen um Kenntnisnahme.

Nachher? ....

Basisregel 6: Verdoppelungen und nichtssagende Wörter einsparen

Müssen wir alles kompliziert ausdrücken? Oft geht es einfacher. Viele Adjektive sind überflüssig. Lassen Sie die *weißen Schimmel* im Stall!

Verdoppelt: *... dass auf Ihrem bei uns gespeicherten Konto ...
Einfach: ... dass auf Ihrem Konto ...

Verdoppelt: *Im hier vorliegenden Fall ...
Einfach: In diesem Fall ...
Hier ...

Auch vermeintlich höfliche Ausdrücke wirken oft übertrieben:

Verdoppelt: *Zu Ihrer geschätzten Information ...
Einfach: Zu Ihrer Information ...

Übungen 6 – Verdoppelungen und nichtssagende Wörter einsparen
Vertreiben Sie die *weißen Schimmel*!

Übung 6.1
Vorher: *Nach erfolgter Prüfung Ihres Antrages ...

Nachher?   ....

Übung 6.2
Vorher: *... im Rahmen einer mündlichen Besprechung.

Nachher?   ....

Übung 6.3
Vorher: *Wir legen eine Auflistung der speziellen Leistungsinstrumente bei.

Nachher?   ....

Übung 6.4
Vorher: *Die Entrichtung eines Entgelts basiert ausschließlich auf freiwilliger Basis.

Nachher?   ....

Übung 6.5
Vorher: *Bei Zustimmung durch Büro Mayer zum unterbreiteten Vorschlag ...

Nachher?   ....

Übung 6.6
Vorher: *So ist es uns möglich, unsere Produkte laufend innovativ zu verbessern.

Nachher?   ....

Übung 6.7
Vorher: *Ihre Rückantwort ...

Nachher?   ....

Übung 6.8
Vorher: *Aufgrund der derzeit herrschenden Witterungsverhältnisse ...

Nachher?   ....

Übung 6.9

Vorher: *Unsere Geschäftsbedingungen in der derzeit aktuellen Fassung ...

Nachher? ....

Übung 6.10

Vorher: *Seitens der Feuerpolizei wurde bei allen erfolgten Kontrollen darauf hingewiesen, dass ...

Nachher? ....

....

Lösungen für die Übungen zur Verständlichkeit

Lösungen 1 – Einfache, kurze Sätze

Lösung 1.1

Vorher: *Bezug nehmend auf Ihre Frage nach einer geschäftlichen Zusammenarbeit müssen wir Ihnen leider mitteilen, dass unsere Geschäftsleitung derzeit keinen Bedarf sieht.

Nachher: Vielen Dank für Ihr Interesse an einer Zusammenarbeit. Leider sieht unsere Geschäftsleitung derzeit keinen Bedarf.

Besser: Vielen Dank für Ihr Interesse an einer Zusammenarbeit. Leider sehen wir derzeit keinen Bedarf.

Lösung 1.2

Vorher: * Wir freuen uns, Ihnen hiermit mitteilen zu können, dass wir Ihnen das Ergebnis Ihres Auftrags vom 15. Juni 2008 zur Erstellung der Expressprüfung XY 12345 übermitteln können.

Nachher: Vielen Dank für Ihren Auftrag zur Expressprüfung XY 12345 vom 15. Juni 2008. Hier erhalten Sie das Ergebnis.

Lösung 1.3

Vorher: *Wir dürfen annehmen, dass diese Wertpapieraufstellung von Ihnen für richtig befunden wurde, wenn nicht innerhalb von vier Wochen nach Erhalt dieses Auszuges eine schriftliche Einwendung an uns abgesandt wird.

Nachher: Befinden Sie diese Wertpapieraufstellung für richtig? Wenn nicht, müssen Sie *uns innerhalb von vier Wochen nach Erhalt dieses Auszuges eine schriftliche Einwendung schicken.*

Lösung 1.4

Vorher: **Wir beziehen uns auf Ihren Anruf vom 18.03.2014 und haben für Sie die folgenden Berechnungen für eine Ratensenkung ab 01.04.2104 – unter Berücksichtigung der Sondertilgung in Höhe von 7000 EUR – vorgenommen:*

Nachher: *Vielen Dank für Ihren Anruf vom 18.03.2014. Wir haben die folgenden Berechnungen für eine Ratensenkung ab 01.04.2104 vorgenommen. Dabei wurde eine Sondertilgung von 7000 EUR berücksichtigt.*

Lösung 1.5

Vorher: **Als ausländischer Antragsteller erkläre ich, meinen ordentlichen Wohnsitz in Österreich zu haben, und erteile hiermit den unwiderruflichen Auftrag, die zum gegenständlichen Bausparvertrag allenfalls gutgeschriebenen Bausparprämien innerhalb der steuergesetzlichen Mindestbindungsfrist nicht an mich zur Auszahlung zu bringen, sondern mit der zuständigen Finanzamtsdirektion rückzuverrechnen.*

Nachher: *Als ausländischer Antragsteller erkläre ich:*
Ich habe meinen ordentlichen Wohnsitz in Österreich.
Ich erteile unwiderruflich den Auftrag, zum gegenständlichen Bausparvertrag allenfalls gutgeschriebene Bausparprämien innerhalb der steuergesetzlichen Mindestbindungsfrist nicht an mich auszubezahlen.
Diese Bausparprämien sollen mit der zuständigen Finanzamtsdirektion rückverrechnet werden.

Lösung 1.6

Vorher: **Schadenersatzanspruch kann nur innerhalb von sechs Monaten nachdem der oder die Anspruchsberechtigten vom Schaden Kenntnis erlangt haben, spätestens jedoch drei Jahre nach dem anspruchsbegründenden Ereignis – eingeschränkt auf die vom Leistungsnehmer abgedeckten Aufgabenbereiche – gerichtlich geltend gemacht werden.*

Nachher: *Anspruch auf Schadenersatz besteht nur, wenn er gerichtlich geltend gemacht wird.*
Er muss innerhalb von sechs Monaten, nachdem der oder die Anspruchsberechtigten vom Schaden Kenntnis erlangt haben, geltend gemacht werden. Schadenersatzanspruch ist eingeschränkt auf die vom Leistungsnehmer abgedeckten Aufgabenbereiche.

Lösung 1.7

Vorher: *Beiliegend übermitteln wir ein Verzeichnis unserer Leistungen und ersuchen die Bekanntgabe Ihrer Wünsche auf unserem Bestellformular.

Nachher: Hier erhalten Sie ein Verzeichnis unserer Leistungen. Bitte geben Sie Ihre Wünsche auf unserem Bestellformular bekannt.

Lösung 1.8

Vorher: *Falls Sie an unserem Angebot Interesse haben, wenden Sie sich bitte an Ihren Betreuer, der Sie über die einfachste Abwicklung informieren wird.

Nachher: Interessiert Sie unser Angebot? Bitte wenden Sie sich an Ihren Betreuer, er informiert Sie über die einfachste Abwicklung.

Lösung 1.9

Vorher: *Als Anlieger des im Betreff angeführten Grundstücks möchten wir Sie über unsere Absicht informieren, dieses Grundstück zu verkaufen.

Nachher: Sie sind Anlieger des im Betreff angeführten Grundstücks. Vielleicht ist es für Sie von Interesse, dass wir dieses Grundstück zum Verkauf anbieten.

Lösung 1.10

Vorher: * Für den Fall, dass diese Verschwiegenheitsverpflichtung auch nur bei einem Teil der Unterlagen oder Informationen verletzt wird, hat der Informationsempfänger unabhängig vom Anlass der Vertraulichkeitsverletzung dem Informationsgeber auf dessen Anforderung innerhalb von einer Woche eine nicht dem richterlichen Mäßigungsrecht unterliegende Vertragsstrafe von 75.000 EUR je Vertraulichkeitsverstoß zu leisten und unabhängig davon alle darüber hinausgehenden Schäden und Aufwendungen zu ersetzen.

Nachher: Wenn diese Verschwiegenheitsverpflichtung auch nur bei einem Teil der Unterlagen oder Informationen verletzt wird, muss der Informationsempfänger dem Informationsgeber innerhalb von einer Woche eine Vertragsstrafe von 75.000 EUR je Vertraulichkeitsverstoß leisten. Dies ist unabhängig vom Anlass der Vertraulichkeitsverletzung und unterliegt nicht dem richterlichen Mäßigungsrecht. Unabhängig davon muss der Informationsempfänger dem Informationsgeber alle darüber hinausgehenden Schäden und Aufwendungen ersetzen.

Lösungen 2 – Verben statt Nominalkonstruktionen

Lösung 2.1

Vorher: *Daher ist die Erteilung einer Genehmigung für das Verteilen von

Werbematerial auf unserem Betriebsgelände nicht vorgesehen.

Nachher: *Daher genehmigen wir Ihnen nicht, Werbematerial auf unserem Betriebs-*
               gelände zu verteilen.

Lösung 2.2

Vorher: **Um weitere Bestellungen durchführen zu können, bitten wir um*
               Begleichung der folgenden Rechnungen.

Nachher: *Um weiter bestellen zu können, begleichen Sie bitte die folgenden Rechnungen.*

Lösung 2.3

Vorher: **Wir ersuchen um Übermittlung der Endversion.*

Nachher: *Bitte schicken Sie uns die Endversion.*

Lösung 2.4

Vorher: **Falls Sie weiterhin Interesse am Erwerb dieses Grundstückes haben,*
               ersuchen wir um Kontaktaufnahme mit Frau Mustermann.

Nachher: *Wenn Sie das Grundstück weiterhin erwerben möchten, kontaktieren Sie*
               bitte Frau Mustermann.

Lösung 2.5

Vorher: **Bei Einhaltung aller behördlichen Auflagen können Sie eine Landes-*
               förderung in Anspruch nehmen.

Nachher: *Wenn Sie alle behördlichen Auflagen erfüllen, können Sie eine Landes-*
               förderung beanspruchen.

Lösung 2.6

Vorher: **Um Ihren Antrag der Bearbeitung zuführen zu können, benötigen wir die*
               Beantwortung der folgenden Fragen:

Nachher: *Um Ihren Antrag bearbeiten zu können, beantworten Sie bitte die folgenden*
               Fragen:

Lösung 2.7

Vorher: **Wir bitten um Übersendung der Unterlagen des Strafverfahrens.*

Nachher: *Bitte schicken Sie uns die Unterlagen des Strafverfahrens.*

Lösung 2.8

Vorher: **Es ist Ihnen bewusst, dass keine Verpflichtung der Firma Immokauf zur*
               Annahme Ihres Angebotes besteht.

Nachher: *Es ist Ihnen bewusst, dass Immokauf Ihr Angebot nicht annehmen muss.*

Lösung 2.9

Vorher: *Die Fertigstellung des Verkaufslokals ist bis Ende des Jahres zu erwarten.
Nachher: Das Verkaufslokal soll bis Ende des Jahres fertiggestellt sein.

Lösung 2.10

Vorher: *Wir sind um eine Verbesserung der Leitungsqualität bemüht.
Nachher: Wir sind bemüht, die Leitungsqualität zu verbessern.

Lösungen 3 – Aktiv- statt Passivsätze

Lösung 3.1

Vorher: *Dies kann bei Bestellungen per E-Mail leider nicht gewährleistet werden.
Nachher: Das können wir bei E-Mail-Bestellungen nicht gewährleisten.

Lösung 3.2

Vorher: *Daher können im Moment keine Anfragen bearbeitet werden.
Nachher: Daher können wir im Moment keine Anfragen bearbeiten.

Lösung 3.3

Vorher: *Da die Sicherheit als oberste Prämisse in unserem Unternehmen gesehen wird ...
Nachher: Da die Sicherheit in unserem Unternehmen oberste Prämisse ist ...

Lösung 3.4

Vorher: *Ihre Bank hat uns mitgeteilt, dass die fällige Prämie nicht von Ihrem Konto abgebucht werden konnte.
Nachher: Ihre Bank hat uns mitgeteilt, dass sie die fällige Prämie nicht abbuchen konnte.

Lösung 3.5

Vorher: *Sollte die ausstehende Prämie nicht fristgerecht beglichen werden ...
Nachher: Wenn Sie die ausstehende Prämie nicht fristgerecht begleichen ...

Lösung 3.6

Vorher: *Von einer Übereinstimmung der Daten wird ausgegangen.
Nachher: Wir gehen davon aus, dass die Daten übereinstimmen.

Lösung 3.7

Vorher:	*Die Kandidatinnen und Kandidaten werden bei einem Hearing von uns befragt.
Nachher:	Wir befragen die Kandidatinnen und Kandidaten bei einem Hearing.

Lösung 3.8

Vorher:	*Die Reklamation wird von unserer Technikabteilung geprüft.
Nachher:	Unsere Technikabteilung prüft die Reklamation.

Lösung 3.9

Vorher:	*Sie werden eingeladen, sich bis zum 21.04.2014 zu bewerben.
Nachher:	Bitte bewerben Sie sich bis zum 21.04.2014.

Lösung 3.10

Vorher:	*Wie gewünscht, wird die Garantie verlängert.
Nachher:	Wie gewünscht verlängern wir die Garantie.

Lösungen 4 – Positiv formulieren

Ersetzen Sie die doppelten Verneinungen durch einen positiven Ausdruck!

Lösung 4.1

Vorher:	*Wir haben Ihre Unterschrift noch nicht erhalten.
Nachher:	Ihre Unterschrift fehlt noch.

Lösung 4.2

Vorher:	*Sie können nicht bestellen, wenn Sie nicht zuvor bezahlt haben.
Nachher:	Sie können nur bestellen, nachdem Sie bezahlt haben.
Besser:	Sobald Sie bezahlt haben, können Sie wieder bestellen.

Lösung 4.3

Vorher:	*Der von Ihnen geplante Baubeginn ist mangels Bewilligung nicht möglich.
Nachher:	Der von Ihnen geplante Baubeginn ist nur mit Bewilligung möglich.
Besser:	Sie können mit dem Bau beginnen, sobald eine Bewilligung vorliegt.

Lösung 4.4

Vorher:	*Keiner der Vertragspunkte außer dem Honorar ist strittig.

Nachher: *Nur der Vertragspunkt Honorar ist strittig.*

Lösung 4.5

Vorher: **Niemand außer unserer Geschäftsleiterin ist zeichnungsberechtigt.*
Nachher: *Nur die Geschäftsleiterin ist zeichnungsberechtigt.*

Lösung 4.6

Vorher: **Bitte beachten Sie: Wenn Sie Ihre Miete nicht gezahlt haben, dürfen Sie die Garage nicht benutzen.*

Nachher: *Bitte beachten Sie: Erst wenn Sie Ihre Miete gezahlt haben, dürfen Sie die Garage wieder benutzen.*

Lösung 4.7

Vorher: **Bisher haben wir solche Anträge noch nie ohne Behördenstempel angenommen.*

Nachher: *Bisher haben wir solche Anträge nur mit Behördenstempel angenommen.*

Lösung 4.8

Vorher: **Bitte haben Sie Verständnis, dass unter Zeitmangel keine zufriedenstellende Lösung gefunden werden kann.*

Nachher: *Bitte haben Sie Verständnis, dass eine zufriedenstellende Lösung nur mit ausreichend Zeit gefunden werden kann.*

Lösung 4.9

Vorher: **Unser Montageteam kann nicht zeitgerecht vor Ort sein, wenn die Terminangabe fehlt.*

Nachher: *Unser Montageteam kann nur zeitgerecht vor Ort sein, wenn der Termin angegeben wurde.*

Lösung 4.10

Vorher: **In keinem der Kartons fehlte eine Gebrauchsanleitung.*
Nachher: *In allen Kartons gab es eine Gebrauchsanleitung.*

Lösungen 5 – Floskelscanner einschalten

Für viele Formulierungen, die Sie täglich verwenden, gibt es mittlerweile zeitgemäße Ausdrucksweisen.

Lösung 5.1

Vorher: *Dankend bestätigen wir den Erhalt Ihres Mails.

Nachher: Vielen Dank für Ihr Mail.

Lösung 5.2

Vorher: *Wir möchten darauf hinweisen, dass, um die volle Garantie zu erhalten,
               die Einhaltung der Serviceintervalle verpflichtend ist.

Nachher: Bitte halten Sie die Serviceintervalle ein, nur so erhalten Sie die volle
               Garantie.

Lösung 5.3

Vorher: *Gemäß Ihrer Bestellung liefern wir Ihnen den beiliegenden Prüfungs-
               bericht als PDF-Dokument und bitten um E-Mail-Bestätigung des Erhalts.

Nachher: Vielen Dank für Ihren Auftrag zur Prüfung. Hier erhalten Sie ein PDF-
               Dokument des Prüfungsberichts. Bitte bestätigen Sie uns den Erhalt per
               Mail.

Lösung 5.4

Vorher: *In Beantwortung Ihres Schreibens wird mitgeteilt, dass bisher keine diesbe-
               züglichen Beschwerden bekannt geworden sind.

Nachher: Vielen Dank für Ihr Schreiben. Sie erkundigen sich nach Beschwerden.
               Bisher sind uns keine bekannt.

Lösung 5.5

Vorher: *Wir ersuchen Sie um Übermittlung Ihres Angebots.

Nachher: Bitte schicken Sie uns Ihr Angebot.

Lösung 5.6

Vorher: *Ich darf mich für Ihr Gutachten bedanken und Sie einladen, eine
               entsprechende Honorarnote zu übermitteln.

Nachher: Vielen Dank für Ihr Gutachten. Bitte senden Sie uns Ihre Honorarnote.

Lösung 5.7

Vorher: *Wir bestätigen hiermit die Annahme des im Betreff genannten Antrages.

Nachher: Vielen Dank für Ihren Antrag, den wir hiermit annehmen.

Lösung 5.8

Vorher: *Wir machen Sie darauf aufmerksam, dass ...

Nachher: Bitte beachten Sie: ....

Lösung 5.9

Vorher: *Wir kommen zurück auf Ihren Vorschlag für einen außergerichtlichen Vergleich. Dazu halten wir fest, dass wir diesen nicht annehmen können, unterbreiten Ihnen aber folgenden Vorschlag.

Nachher: Vielen Dank für Ihr Schreiben. Wir können den Vorschlag für einen außergerichtlichen Vergleich nicht annehmen. Gerne machen wir Ihnen den folgenden Vorschlag:

Lösung 5.10

Vorher: *Wir ersuchen um Kenntnisnahme.

Nachher: Bitte beachten Sie ...

(Besser: Entfällt! Wenn es kein dringender Hinweis ist, sollte es selbstverständlich sein, dass man einen Brief zur Kenntnis nimmt.)

Lösungen 6 – Verdoppelungen und nichtssagende Wörter einsparen

Müssen wir alles kompliziert ausdrücken? Oft geht es einfacher. Viele Adjektive sind überflüssig. Lassen Sie die weißen Schimmel im Stall!

Lösung 6.1

Vorher: *Nach erfolgter Prüfung Ihres Antrages ...

Nachher: Nach Prüfung Ihres Antrags ...

Lösung 6.2

Vorher: *... im Rahmen einer mündlichen Besprechung.

Nachher: ... im Rahmen einer Besprechung.

Lösung 6.3

Vorher: *Wir legen eine Auflistung der speziellen Leistungsinstrumente bei.

Nachher: Hier erhalten Sie eine Liste mit den speziellen Leistungen.

Lösung 6.4

Vorher: *Die Entrichtung eines Entgelts basiert ausschließlich auf freiwilliger Basis.

Nachher: Die Entrichtung eines Entgelts geschieht ausschließlich freiwillig.

Besser: Eine etwaige Bezahlung ist freiwillig.

Lösung 6.5
Vorher: *Bei Zustimmung durch Büro Mayer zum unterbreiteten Vorschlag ...*
Nachher: *Wenn Büro Mayer dem Vorschlag zustimmt ...*

Lösung 6.6
Vorher: *So ist es uns möglich, unsere Produkte laufend innovativ zu verbessern.*
Nachher: *So ist es uns möglich, unsere Produkte laufend zu verbessern.*

Lösung 6.7
Vorher: *Ihre Rückantwort ...*
Nachher: *Ihre Antwort ...*

Lösung 6.8
Vorher: *Aufgrund der derzeit herrschenden Witterungsverhältnisse ...*
Nachher: *Aufgrund der derzeitigen Witterung ...*

Lösung 6.9
Vorher: *Unsere Geschäftsbedingungen in der derzeit aktuellen Fassung ...*
Nachher: *Unsere Geschäftsbedingungen in der aktuellen Fassung ...*

Lösung 6.10
Vorher: *Seitens der Feuerpolizei wurde bei allen erfolgten Kontrollen darauf hingewiesen, dass ...*
Nachher: *Die Feuerpolizei hat bei allen Kontrollen darauf hingewiesen, dass...*

3. Empfängerorientierung

Verständlichkeit wurde im vorangegangenen Kapitel als tragende Säule des Corporate Codes vorgestellt. Dabei habe ich die Hintergründe beleuchtet, wie eine Information sinnlich wahrgenommen wird (Lesbarkeit und Leserlichkeit), welche Faktoren die Informationsübermittlung beeinträchtigen und welche sie begünstigen. Sie haben die sechs Basisregeln für Verständlichkeit kennengelernt. In diesem Teil widmen wir uns der zweiten Säule von Corporate Code: Empfängerorientierung.

Empfängerorientiertes Schreiben erfordert es, eine Sache aus der Sicht des Adressaten zu sehen und zu beschreiben, dessen Perspektive einzunehmen und in seinen Worten auszudrücken. Indem Sie solcherart empfängerorientiert formulieren, erkennt Ihr Adressat: Man hat mich verstanden! Wer sich verstanden fühlt, wird die an ihn gerichtete Botschaft bereitwilliger aufnehmen als jemand, der sich missverstanden fühlt.

Bisher sind wir vom Sender-Empfänger-Kommunikationsmodell ausgegangen: Eine Nachricht wird von einer Person (Sender) mittels eines Zeichensystems (z. B. Sprache) über einen Übertragungskanal (z. B. Telefon) an eine andere Person übermittelt. Die Übertragung kann durch viele Faktoren gestört werden, z. B. durch zu lange Sätze oder fehlende Gliederung. Doch was geschieht als Nächstes, wenn die Nachricht angekommen ist? Bisher hatten wir nicht gefragt, welche Reaktion beim Empfänger unserer Nachricht ausgelöst wird. Im Folgenden möchte ich aufzeigen, dass es neben den technischen und strukturellen Faktoren weitere Umstände gibt, die das Verstehen und vor allem das Verarbeiten einer Botschaft beeinflussen. Dem österreichischen Verhaltensforscher und Nobelpreisträger Konrad Lorenz (1903–1989) wird das folgende Zitat zugeschrieben:

> „Gedacht heißt nicht immer gesagt,
> gesagt heißt nicht immer richtig gehört,
> gehört heißt nicht immer richtig verstanden,
> verstanden heißt nicht immer einverstanden,
> einverstanden heißt nicht immer angewendet,
> angewendet heißt noch lange nicht beibehalten."

Für dieses Zitat gibt es keine gesicherte Quelle. Der *Verein Freunde des Hauses Altenberg*, der sich die Spurensicherung zu Konrad Lorenz zum Ziel gesetzt hat, teilte auf meine Bitte um Nennung einer gesicherten Quelle mit, dass Lorenz diesen Spruch sehr häufig geäußert habe. Lorenz selbst habe jedoch als Urheber einen Hubert Graf Walderdorff genannt. Auch andere Sozialpsychologen erheben den Anspruch, Urheber zu sein (E-Mail des Vereins an den Autor, 18.03.2014). Dass dieser Spruch relevant ist, zeigt sich anhand zahlreicher Textvarianten, die im Internet kursieren.

Metabotschaften

In der Sprachwissenschaft bezeichnet man Signale und Informationen, die dem Adressaten helfen, eine Nachricht auch richtig zu interpretieren, als Metabotschaften. Das griechische Wort Meta bedeutet *zusammen mit* und *hinter*. Zusammen mit jeder Aussage wird also eine weitere Botschaft mittransportiert, hinter jeder vordergründigen Aussage verbirgt sich eine versteckte Botschaft.

Betrachten wir die Äußerung „Es zieht!". Wortwörtlich verstanden ist sie eine Information darüber, dass man einen Luftzug verspürt. Im Regelfall ist es jedoch die Aufforderung, eine Türe zu schließen. Metabotschaften werden durch Mimik, Gestik, Medienauswahl (Telefon = es eilt!/E-Mail = es hat noch Zeit) oder Lautstärke vermittelt. Auch Sprachstilebene und Beziehungsniveau stehen im Corporate Code als Instrumente der Vermittlung von Metabotschaften zur Verfügung. Vergleichen Sie im folgenden Beispiel die unterschiedlichen Beziehungsniveaus mit ihren entsprechenden Sprachstilebenen und entdecken Sie die sich daraus ergebenden Metabotschaften:

Bürokratische Sprachstilebene
 Hiermit teilen wir Ihnen mit, dass Ihre Mitgliedskarte abgelaufen ist.
Metabotschaft:
 Wir sind dir überlegen, wir sind nicht flexibel.

Freundlich-sachliche Sprachstilebene:
 Vielleicht haben Sie es schon bemerkt: Ihre Mitgliedskarte ist abgelaufen.
Metabotschaft:
 Wir möchten Sie unterstützen.

Vertraute Sprachstilebene:
 Hoppla, deine Mitgliedskarte ist abgelaufen!
Metabotschaft:
 Es ist ganz einfach, die Mitgliedschaft zu verlängern.

Im Kapitel *Erkennbarkeit* werden wir ausführlich auf die unterschiedlichen Sprachstilebenen eingehen.

Konzepte der Empfängerorientierung

Jede Nachricht ruft bei Ihrem Gegenüber Gefühle hervor. Empfängerorientierung im Corporate Code bedeutet, die Wirkung einer Botschaft vorauszusehen und sie so zu formulieren, dass sie wie gewünscht wirkt. Die ersten Konzepte der Empfängerorientierung wurden im 20. Jahrhundert für die Psychotherapie entwickelt. Wir können diese Erkenntnisse für Corporate Code nutzen.

Personenzentrierte Gesprächstherapie

In den 1940er-Jahren entwickelte der amerikanische Psychologe Carl Ramson Rogers seine „nicht-direktive Psychotherapie". Zuvor sahen Psychiater ihre Rolle im Interpretieren von Patientenaussagen und im Geben von Ratschlägen. Rogers forderte nun, durch aufmerksames Zuhören und Wiederholen des Gesagten den Patienten in den Mittelpunkt zu rücken und so die Selbstverantwortung des Patienten zu fördern (vgl. Galliker/Klein/Rykart 2007: S. 356 ff.). Das sinngemäße, umschreibende Wiedergeben einer Aussage nennt man *Paraphrasieren*. Paraphrasieren ist auch eine gute Methode, um emotional verfasste Beschwerdebriefe zu beantworten.

Aus dem Beschwerdebrief eines unzufriedenen Hotelgasts:
> *Die ganze Nacht habe ich wegen des penetranten Gestöhns aus dem Nachbarzimmer kein Auge zubekommen!*

Paraphrase:
> *Sie fühlten sich durch unangenehme Geräusche in Ihrer Nachtruhe gestört.*

Haben Sie es bemerkt? Die Paraphrase bewirkt spontane Zustimmung: „Ja, man hat mich verstanden. Ich habe mich gestört gefühlt!" Gleichzeitig korrigiert die Paraphrase besänftigend: „die ganze Nacht" wird zur „Nachtruhe", das „penetrante Gestöhne" verwandelt sich in „unangenehme Geräusche". So wird die Wut des Beschwerdeführers wirkungsvoll gemildert.

Rogers sprach anfangs von *patientenzentrierter Gesprächstherapie*, später von *klientenzentrierter* und zuletzt von *personenzentrierter Gesprächstherapie*. Dieser Bezeichnungswandel illustriert die zunehmende Bedeutung psychotherapeutischer Erkenntnisse für nichttherapeutische Bereiche.

Gewaltfreie Sprache

Der amerikanische Psychologe Marshall B. Rosenberg, ein Schüler von Carl Rogers, entwickelte als internationaler Mediator, z. B. zwischen Israelis und Palästinensern, sein Modell der *Gewaltfreien Kommunikation*. Sie soll Missverständnisse, Verletzungen und Aggressionen in der Sprache aufdecken und vermeiden. Die *Gewaltfreie Kommunikation* umfasst vier Komponenten:

1. Beobachtungen:
Wertfreies Aufnehmen von dem, was um uns ist.
„Die Kunst besteht darin, unsere Beobachtungen dem anderen ohne Beurteilung oder Bewertung mitzuteilen – einfach zu beschreiben, was jemand macht, und dass wir es entweder mögen oder nicht."
2. Gefühle:
Fühlen, was wir beobachten.
3. Bedürfnisse:
Ausdrücken, „wie es uns gerade geht".
4. Bitten:
Ausdrücken, „was wir voneinander wollen, sodass unser Leben schöner wird",
und in der Bitte der anderen entdecken, was die Lebensqualität der Mitmenschen verbessern würde
(Rosenberg 2002: S. 21).

Rosenberg spricht auch von den zwei Teilen der Gewaltfreien Kommunikation: sich ehrlich ausdrücken und empathisch zuhören (vgl. ebd.).

Kommunikationsquadrat

Der deutsche Psychologe und Kommunikationswissenschaftler Friedemann Schulz von Thun entwickelte in den 1970er-Jahren sein Vier-Seiten-Kommunikationsmodell. Schulz von Thun leitete aus dem therapeutischen Ansatz von Carl Rogers sein praxistaugliches Kommunikationsquadrat (s. Abb. 3.1) ab. Was Schulz von Thun als Rhetorikinstrument für Führungskräfte entwickelt hat, lässt sich ebenso für das Schreiben von Mails und anderen Unternehmenstexten verwenden.

Abb. 3.1: Das Kommunikationsquadrat nach Schulz von Thun

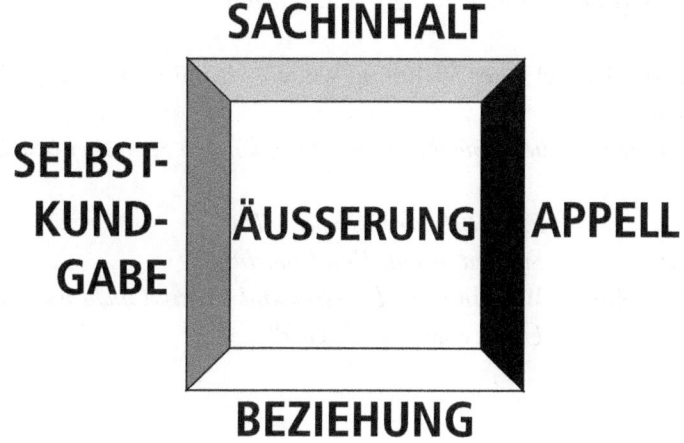

(Quelle: vgl. Schulz von Thun: S. 34)

Jede Nachricht (Äußerung) kann von vier Seiten betrachtet werden:
1.) Die Sachseite zeigt, worüber informiert wird, sie zeigt Daten und Fakten.
2.) Die Selbstkundgabe-Seite zeigt, was der Sender über sich selbst zu erkennen geben möchte.
3.) Die Beziehungsseite gibt Hinweise über das Verhältnis zwischen Sender und Empfänger.
4.) Die Appellseite zeigt, was der Sender mit seiner Botschaft erreichen möchte.
(vgl. Schulz von Thun 2002: S. 33 ff.)

Vordergründig betrachtet, drücken wir uns in der Unternehmenskommunikation auf der Sachseite aus. Aber auch die drei anderen Seiten werden immer mit angesprochen. Die Selbstkundgabe-Seite spielt für uns eine besonders wichtige Rolle, denn ein Hauptziel von Corporate Code ist es, sich selbst (d. h. sein Unternehmen) erkennbar zu machen! Auf der Selbstkundgabe-Seite drücken wir also die Unternehmensidentität aus. Gleichzeitig verbessern wir auf der Beziehungsseite die Kundenbindung. Mit der Appellseite sorgen wir dafür, dass unser Gegenüber wunschgemäß handelt.

Wer eine Äußerung macht, sendet also immer vier unterschiedliche Metabotschaften. Und wer eine Äußerung hört, kann – sofern er darauf sensibilisiert ist – auch vier verschiedene Botschaften wahrnehmen. Dieses sensible Zuhören nennt Schulz von Thun *Aktives Zuhören* (ebd.: S. 70 ff.). Die Methode des Aktiven Zuhörens heißt entsprechend *Mit vier Ohren empfangen* (ebd.: S. 67). Wer aktiv zugehört hat, kann auch auf allen vier Ebenen antworten. Entsprechend heißt diese Methode *Mit vier*

Schnäbeln sprechen (ebd.: S. 90). Das Kommunikationsquadrat ist für die Empfänger-orientierung im Corporate Code von großem Nutzen.

Das folgende Beispiel einer Mahnung wollen wir auf seine vier Äußerungsseiten hin untersuchen:
Bitte überweisen Sie die offene Rechnung, dann können Sie weiter bestellen.

Sachseite:	*Eine Rechnung ist noch offen.*
Beziehungsseite:	*Sie sind uns als Kunde wichtig.*
Selbstkundgabe-Seite:	*Wir brauchen Ihr Geld und wir sind nicht nachtragend.*
Appellseite:	*Überweisen Sie das Geld!*

Aktives Zuhören

Schulz von Thun empfiehlt, die Welt aus den Augen des anderen zu sehen:
„Die Grundhaltung, die das Aktive Zuhören ausmacht, kann man als *einfüh-lendes Verstehen-Wollen* umschreiben. Ich versuche mich dabei in die Ge-fühls–und Gedankenwelt meines Gesprächspartners einzufühlen, ihn ganz zu verstehen. Ich vermittle als Zuhörer: ‚Ich habe nicht nur verstanden, was du sagst, sondern auch wie du es meinst und wie dir dabei zu Mute ist. (...) Ich versuche also – für eine begrenzte Zeit – einmal die Welt aus den Augen des anderen zu sehen. Ich nehme einen Perspektivwechsel vor'" (ebd.: S. 70, 71).

Diesen Perspektivwechsel müssen Sie vornehmen, um empfängerorientiert formulie-ren zu können.

Neurolinguistisches Programmieren (NLP)

Der US-amerikanische Psychologe Richard Bandler und der US-amerikanische Lin-guist John Grinder sind die Begründer des *Neurolinguistischen Programmierens (NLP)*. NLP wurde als psychotherapeutische Methode entwickelt, bei der Verzerrungen, Til-gungen und Generalisierungen in den Aussagen von Klienten aufgedeckt werden. Auf solche Weise können die Klienten die Welt unter neuen Gesichtspunkten erkennen und Lösungen für ihre Probleme finden.

So wie Therapeuten die Aussagen ihrer Klienten achtsam anhören und darauf feinfühlig reagieren, können auch Textproduzenten mit Corporate Code achtsam lesen und feinfühlig formulieren. Ein Beispiel, wie die Erkenntnisse des NLP für Corporate Code genutzt werden können, ist, Nominalisierungen zu vermeiden. Im Kapitel *Verständlichkeit* (S. 67) habe ich erklärt, dass Nominalkonstruktionen bürokratisch wirken und schwer verständlich sind. Bandler und Grinder bezeichnen Nomen, welche aus Verben abgeleitet worden sind, als Nominalisierungen (zum Beispiel *Beantwortung* aus *beantworten*). Sie empfehlen Therapeuten, Nominalisierungen in den Aussagen ihrer Klienten aufzudecken und beim Paraphrasieren (Wiederholen mit eigenen Worten) in Verbalkonstruktionen zurückzuwandeln:

> „Nominalisierungen sind eine der Arten, auf die Verzerrungen in natürlichen Sprachsystemen zum Ausdruck gelangen. Die Fähigkeit, Nominalisierungen zu erkennen, ist deshalb wichtig, weil dies dem Klienten hilft, sein sprachliches Modell wieder mit den dynamischen Prozessen des Lebens zu verbinden. Konkret hilft die Auflösung von Nominalisierungen ihm zu erkennen, dass etwas, das er für ein abgeschlossenes und nicht mehr seinem Einfluss unterliegendes Ereignis gehalten hat, ein veränderbarer Prozess ist"
> (Bandler, Grinder 2011: S. 88).

Nicht jedes Nomen ist eine vermeidbare Nominalisierung. Im Satz „Ich esse einen Apfel" ist *Apfel* das Nomen. *Apfel* muss natürlich nicht verbalisiert werden. Es gibt ja auch gar kein Verb *apfeln*. Um Nominalisierungen zu entdecken, haben Bandler und Grinder ihren sogenannten Schubkarrentest erfunden. Beim Schubkarrentest stellt man sich einen Satz visuell vor und überprüft, ob man das Nomen in eine Schubkarre legen könnte. Wenn man ein Nomen in eine Schubkarre legen kann, dann ist es ein echtes Nomen und kann belassen werden (vgl. ebd.: S. 93 ff.). Probieren Sie den Schubkarrentest:

Wir erwarten die Einhaltung der Gesetze.

Einhaltung können Sie nicht auf eine Schubkarre legen. Einhaltung ist eine Nominalisierung. Also drücken Sie sich verbal aus:

Wir erwarten, dass Sie die Gesetze einhalten.

Dieses Beispiel zeigt allerdings, dass man die Schubkarrenregel nur für Abstrakta anwenden kann, die direkt aus Verben abgeleitet worden sind, denn auch *Gesetze* ist ein Abstraktum. In Verbalkonstruktionen zurückgewandelt werden können also nur Nomen mit dem Suffix *-ung*, *-heit* oder *-keit*.

Ein zweites Beispiel:

Nominal: *Wollen Sie Ihre Entscheidung ändern?*

Entscheidung können Sie nicht auf eine Schubkarre legen, also müssen Sie sich verbal ausdrücken.

Verbal: *Wollen Sie anders entscheiden?*

Noch ein Beispiel:

Nominal: *Wir erwarten das Paket.*

Ein Paket können Sie in eine Schubkarre legen. Es ist ein „gutes" Nomen und könnte nicht verbalisiert werden (**paketen*).

Die Nominalkonstruktion verschließt Türen, die Verbalkonstruktion öffnet Türen!

Das 4-Farben-Modell der Empfängerorientierung

Ein Pionier der praxistauglichen Kommunikationsmodelle außerhalb der Psychotherapie ist Hans-Peter Förster, der Erfinder von Corporate Wording®. (Förster, 2001). Förster hat *Corporate Wording*® als Wortmarke schützen lassen. Er hat als Erster auf die Diskrepanz zwischen zeitgemäßen Werbetexten und der meist bürokratisch formulierten Geschäftskorrespondenz hingewiesen. Förster empfiehlt bildhafte Sprache und beschreibt einen Weg zur optimalen Ausrichtung auf die unterschiedlichen Empfängertypen.

Corporate Wording® findet, mithilfe von Farbtypologien, den jeweils passenden Sprachstil für einen bestimmten Empfängertypus. Förster unterteilt die Menschen in vier verschiedene Leser-Farbtypen: blaue, grüne, gelbe und rote Lesertypen. Entsprechend den wahrnehmungspsychologischen Erkenntnissen beschreibt Förster den blauen Lesertyp als Perfektionisten, der faktenorientiert denkt. Der grüne Lesertyp ist der Konservative, der Bewährtes bevorzugt und gewohnheitsfixiert ist. Der rote Lesertyp ist der Emotionale, er wünscht Gefühle und Harmonie. Der gelbe Lesertyp ist der Impulsive, er ist an Neuheiten und Visionen interessiert (vgl. ebd.: S. 105 ff.).

Um die jeweiligen Adressaten-Farbtypen persönlich anzusprechen, hat Förster diesen vier Farbtypen rund 5000 Wörter zugeordnet, die er auf einer CD-ROM anbietet. Es genügt nun, zum Beispiel für einen roten Brief besonders viele Wörter aus dem roten Wortschatz zu verwenden. Man kann auch Texte auf ihre Farbtypologie untersuchen, indem man die betreffenden Wörter mit Buntstiften in den vier Farben unterstreicht.

Beispiele aus dem 4-Farben-Wörterbuch:

Blaue Adjektive:	*differenziert, exakt, erfrischend ...*
Grüne Adjektive:	*anerkannt, beständig ...*
Gelbe Adjektive:	*aktiv, bunt, frech ...*
Rote Adjektive:	*abgerundet, angenehm, gemütlich ...*

(vgl. ebd.: S. 94)

Auch das Sprachklima teilt Förster entsprechend ein:

Blaues Sprachklima:	*Techniken begreiflich machen und mit Fakten belegen ...*
Grünes Sprachklima:	*Zuverlässigkeit und Qualität dokumentieren ...*
Gelbes Sprachklima:	*Vielseitigkeit, Innovation und Kreativität darstellen ...*
Rotes Sprachklima:	*Partnerschaft und Verantwortung erlebbar machen ...*

(vgl. ebd.: S. 95)

Stellen Sie sich vor, Sie hätten bei der Schön & Gut AG einen Staubsauger bestellt. Als Werbegeschenk wurde Ihnen ein Kugelschreiber mitgeschickt. Der Kugelschreiber war bald kaputt, und Sie haben ihn an Schön & Gut zurückgeschickt, mit der Bitte um Ersatz. Die Schön & Gut AG könnte ihre Antwort nach den vier Farbtypen des Corporate Wording® formulieren. (Die folgenden Beispiele stammen nicht von Förster, sondern sind mein eigener Versuch, eine Farbtypologie anzuwenden):

Beispiel für eine *blaue* Antwort:

Sie haben das Produkt XY retourniert. Wie Sie <u>wissen</u>, sind Gratisbeigaben von der Garantie <u>ausgeschlossen</u>. Diesen <u>Hinweis</u> finden Sie in den <u>Garantiebestimmungen</u> der <u>Geschäftsbedingungen</u>.

(Die blauen Wörter sind unterstrichen.)

Beispiel für eine *grüne* Antwort:

Sie haben das Produkt XY retourniert. Als <u>treuem</u> Geschäftspartner <u>bieten</u> wir Ihnen solche Gratisbeigaben. Diese sind jedoch nicht in der Garantie enthalten. <u>Überprüfen</u> Sie diesen Hinweis in den Garantiebestimmungen unserer Geschäftsbedingungen.

(Die grünen Wörter sind unterstrichen.)

Beispiel für eine *gelbe* Antwort:

Sie haben das Produkt XY retourniert. <u>Checken</u> Sie die Garantiebestimmungen: <u>Sorry</u>, aber <u>Sonderserviceleistungen</u> sind von der Garantie ausgenommen!

(Die gelben Wörter sind unterstrichen.)

Beispiel für eine *rote* Antwort:

> *Sie haben das Produkt XY retourniert. <u>Bitte verstehen</u> Sie, dass im Fall von*
> *Gratisbeigaben die <u>Zufriedenheitsgarantie</u> nicht greift, denn wir müssen <u>natürlich</u>*
> *alle Geschäftspartner <u>gleich</u> behandeln.*

(Die roten Wörter sind unterstrichen.)

Nehmen wir an, Sie sind Kunde der Schön & Gut AG und hätten das folgende Rekla-
mationsschreiben verfasst:

> *Nun bin ich schon seit über zehn Jahren Ihr Kunde und Sie enttäuschen mich mit*
> *diesem Billigkugelschreiber. Nach zwei Wochen war er kaputt! Ich ersuche Sie um*
> *Ersatz.*

Dann hätten Sie sich mit den Wörtern *Ihr Kunde, enttäuschen, Billigkugelschreiber* und
ersuche als grüner Farbtyp zu erkennen gegeben. Also sollte Schön & Gut die Antwort
an Sie im grünen Farbstil formulieren.

Försters Konzept des Corporate Wording® ermöglicht optimales Eingehen auf
die Adressaten. Dieses Konzept nimmt jedoch wenig Rücksicht auf die Absender. Die
Selbstbekundungsseite des Kommunikationsquadrats wird auf nur vier mögliche Stile
beschränkt. Weiter oben habe ich die Linguistin Kathrin Vogel und ihr Buch „Corporate Style" vorgestellt. Sie wirft Förster vor, keine ausreichende Differenzierung zur
Konkurrenz zu bieten: „Zu vermuten ist außerdem, dass der grüne und blaue Sprachstil als vergleichsweise neutrale Sprachstile (da sie überall vorkommen) nicht markant
genug sind, um damit einen unternehmensspezifischen, wiedererkennbaren Sprachstil
zu entwickeln". Zudem werde vor allem auf einzelne Wörter fokussiert, ohne Kon-
texte, wie Satz, Textsorte oder Diskurs, zu thematisieren (vgl. Vogel 2012: S. 174). Es
sei zwar grundsätzlich möglich, einen nüchternen, emotionalen, traditionsverhafteten
oder erlebnisorientierten Stil herauszubilden, doch sabotiere man damit gleichzeitig
das Ziel von Corporate Wording®, sich mittels eines Sprachstils von anderen Unternehmen abzuheben (vgl. ebd.: S. 175).

Erkennbarer und unternehmensspezifischer Sprachstil, der sich von denjenigen
anderer Unternehmen abhebt, ist das Kernstück von Corporate Code und wird im
Kapitel *Erkennbarkeit* dieses Buches ausführlich dargelegt.

Empfängerorientierung bei bekannten Adressaten

Maximale Empfängerorientierung ist nur möglich, wenn Ihnen der Adressat zumindest durch einen vorangegangenen Kommunikationsakt (Brief, Telefonat, Besuch, Kennenlernen auf einer Party/Fortbildungsseminar) bekannt ist. Selbstverständlich benötigen Sie für individuelles Formulieren auch genügend Zeit. Zu Beginn eines individuellen Schreibens müssen Sie sich folgende Fragen stellen:

> Wird mein Brief erwartet oder ist man überrascht?
> Was hat man mir zuvor geschrieben/am Telefon gesagt?
> Wird mein Brief Freude machen oder enttäuschen?
> Könnte man sich über meine Mitteilung ärgern?
> Steht im Brief, den Sie beantworten wollen, etwas „zwischen den Zeilen"?
> (Was wollte man wirklich mitteilen? Gibt es eine versteckte Drohung oder gibt es verstecktes Lob?)

Vergegenwärtigen Sie sich diese Fragen, wenn Sie zu schreiben beginnen! Das hilft Ihnen, den richtigen Einstieg in Ihren Text zu finden. Danach geben Sie die Ausdrucksweise des Adressaten sinngemäß und umschreibend wieder. (Sie paraphrasieren also.) So signalisieren Sie dem Empfänger, dass Sie sein Anliegen verstanden haben.

Nicht empfängerorientiert:
Bezug nehmend auf Ihre Frage nach der Preiskalkulation unseres Modells Superturbo ...
Empfängerorientiert:
Sie fragen, warum unser Modell Superturbo bei der Konkurrenz viel billiger ist.
Nicht empfängerorientiert:
Bezug nehmend auf Ihre Beschwerde bezüglich unseres Portiers ...
Empfängerorientiert:
Vielen Dank, dass Sie sich die Mühe gemacht haben, zu beschreiben, wie unfreundlich unser Portier zu Ihnen war.

Empfängerorientierung bei unbekannten Adressaten

Bevor Sie beginnen, empfängerorientiert zu formulieren, müssen Sie drei mögliche Ausgangslagen unterscheiden:

A) Der Adressat ist Ihnen persönlich gut bekannt, zum Beispiel als langjähriger

Lieferant.

B) Der Adressat ist Ihnen nicht persönlich bekannt, allerdings lassen sich aufgrund eines vorangegangenen Briefes oder Telefonats Rückschlüsse auf seine Persönlichkeit und seine Motive ziehen. Das ist zum Beispiel der Fall, wenn Sie eine Kundenbeschwerde beantworten.

C) Der Adressat ist völlig unbekannt und es gab zuvor keinen Kontakt. Das wäre bei einem Initiativbrief der Fall oder wenn Sie Templates verwenden.

Die Kenntnis Ihres Adressaten ist wichtig, um sich in ihn hineinversetzen zu können und erfolgreich mit ihm zu kommunizieren. Aber: Gibt es *den* oder *die* Adressaten überhaupt? Wenn Sie auf einen konkreten Brief antworten, ist Ihnen der Adressat des Antwortschreibens mehr oder weniger bekannt. Zumindest dessen Anliegen ist Ihnen klar. Darüber hinaus können Sie zwischen den Zeilen auch Motive und Stimmung des Korrespondenzpartners erkennen.

Oft müssen Sie aber Schreiben an persönlich unbekannte Empfänger richten, mit Inhalten, die sich mehrmals täglich wiederholen. Dabei helfen Textvorlagen (Textbausteine, Templates), in die Sie nur noch einige Daten und den Namen des Empfängers einsetzen müssen. Im Corporate-Code-Prozess schenken wir der Formulierung von Templates viel Beachtung, denn sie sind in der Praxis unverzichtbar. So müssen wiederkehrende Briefinhalte nicht immer wieder neu formuliert werden. Echte Empfängerorientierung, also die maximale Ausrichtung auf einen individuellen Empfänger, ist dabei natürlich nicht möglich, weil die Adressaten von Templates persönlich unbekannt sind und darüber hinaus im Arbeitsalltag zu wenig Zeit wäre, wirklich individuell zu texten.

Corporate Code hilft Ihnen mit einem Trick, Empfängerorientierung auch bei unbekannten Adressaten zu ermöglichen: Sie kennen zwar nicht den einzelnen Rezipienten, aber Sie haben hinreichend Kenntnis von Ihrer Zielgruppe. Konstruieren Sie sich die anzunehmende Erwartungshaltung Ihrer Adressaten unter den jeweiligen Umständen und richten Sie Ihre Texte danach aus. Empfängerorientiertes Schreiben bedeutet im Corporate Code: Versetzen Sie sich in einen typischen Vertreter der Zielgruppe. Nehmen Sie sich selbst zurück und formulieren Sie aus der Sicht dieser Adressaten. Selbst wenn Ihnen kein bestimmter Empfänger bekannt ist, werden Sie bei den meisten Korrespondenzfällen, innerhalb der Adressatengruppe, ein gemeinsames Interesse, ein gemeinsames Problem oder einen gemeinsamen Wunsch erkennen.

Stellen Sie sich vor, dass Ihnen keine Zeit für individuelles Formulieren zur Verfügung steht. Sie möchten dennoch beim Empfänger den Eindruck wecken, Sie hätten für ihn persönlich formuliert. Das gelingt, wenn Sie sich zunächst einmal fragen, in welcher Situation Ihr Brief gelesen wird. Ihr Gegenüber ist unsichtbar, wird jedoch auf Ihr Schreiben reagieren: überrascht, zufrieden, erbost oder begeistert. Auch wenn Sie die individuelle Persönlichkeit Ihres Adressaten nicht kennen, können Sie empfängerorientiert schreiben. Es genügt, dass Sie sich die Empfangssituation und die Erwartungshaltung des Empfängers vorstellen:

– Man erwartet Ihr Schreiben und ist erfreut, z. B. bei Ihrer Nachricht über die Beseitigung eines Mangels.
– Man erwartet Ihr Schreiben und ist enttäuscht, z. B. bei Ihrer Bitte um Ergänzung eines unvollständig ausgefüllten Formulars.
– Man ist von Ihrem Schreiben überrascht und erfreut, z. B. Ihre Mitteilung über erweiterte Öffnungszeiten.
– Man ist von Ihrem Schreiben überrascht und enttäuscht, z. B. Ihre Mitteilung über eine Preiserhöhung.

Wenn ein Adressat nicht persönlich bekannt ist, so ist er doch immer Teil einer Zielgruppe. Solche Zielgruppen können z. B. sein:

– Behörden
– Beschwerdeführer
– Bestellende
– Ehemalige Mitarbeitende
– Informationssuchende
– Jobsuchende
– Journalisten
– Kündigungswillige
– Lieferanten
– Mitarbeitende
– Nachbarn
– Rat–oder Hilfesuchende
– Antragsteller
– Kaufwillige etc.

Jede dieser Zielgruppen hat etwas gemeinsam, das sie zu dieser Zielgruppe macht. Indem Sie sich die Wünsche, Motive, Hoffnungen und Erwartungen Ihrer Adressaten vorstellen, wird es Ihnen gelingen, sogar Templates empfängerorientiert zu formulieren.

Überzeugend formulieren

Im Folgenden stelle ich Methoden vor, mit deren Hilfe Sie empfängerorientiert formulieren können. Es handelt sich um Strategien, die aus den unterschiedlichen sprachtherapeutischen Modellen abgeleitet worden sind:

- **Der richtige Einstieg, Leser/innen „abholen"**
- **Aus der Empfängerperspektive schreiben**
- **Ihr Gegenüber steht im Mittelpunkt**
- **Komplexe Texte verständlich machen**
- **Glaubwürdig bleiben**
- **Zwischen den Zeilen lesen**
- **Der Dreh ins Positive**
- **PS als aktivierende Zusätze**

Der richtige Einstieg, Leser/innen „abholen"

Fallen Sie nicht mit der Tür ins Haus! Versetzen Sie sich in die Situation Ihres Korrespondenzpartners. Holen Sie ihn dort ab, wo er sich befindet: Jahreszeit, wirtschaftliche Lage, persönliche Lage, Karriereschritt, beruflicher Erfolg (oder Misserfolg) etc. bieten die Möglichkeit zum empfängerorientierten Einstieg.

Vorher: *Aus gegebenem Anlass bringen wir folgende Regelungen für die Adventzeit in Erinnerung:*

Empfängerorientiert: *Weihnachten steht vor der Tür, und manche stimmen sich auch an ihrem Arbeitsplatz mit Kerzenschimmer darauf ein. Leider hat dieser Brauch unlängst zu einem gefährlichen Zwischenfall in unserer Zentrale geführt. Deshalb erinnern wir Sie nochmals daran: ...*

Vorher: *Lieber Mitarbeiter!*
Wie auch in den vergangenen Jahren wollen wir Sie motivieren, uns bei der Suche neuer Außendienstmitarbeiter zu helfen.

Empfängerorientiert: *Liebe Kolleginnen und Kollegen,*
auch in diesem Jahr erhalten Sie Prämien, wenn Sie neue Außendienstmitarbeitende für unser Haus gewinnen!

Ein guter Einstieg ist der Dank für die vorangegangene Kontaktaufnahme:
Vielen Dank für Ihr Interesse an ...

Danke für Ihre Nachricht.
Vielen Dank für Ihren Anruf.
Vielen Dank für Ihren Antrag.
Danke, dass Sie unsere Website besucht haben.
Vielen Dank für Ihren gestrigen Besuch.
Vielen Dank für Ihre Unterlagen.
Vielen Dank, dass Sie Zeit und Mühe aufgewendet haben, um …

Übungen – Der richtige Einstieg, Leser/innen „abholen"
Während im Kapitel *Verständlichkeit* die Lösungen zu den Vorher-Nachher-Übungen zumeist wenig Spielraum geboten hatten, gibt es für die Empfängerorientierung mehr als nur eine *richtige* Antwort. Auch wenn sich Ihre Lösung vom gegebenen Lösungsvorschlag (ab S. 118) unterscheidet, ist sie vermutlich stärker empfängerorientiert als die Vorher-Variante, vorausgesetzt, Sie wenden die Regeln zur Empfängerorientierung an.

Wie steigen Sie ein? Wie treffen Sie den richtigen Ton?

Übung A.1
Vorher: **Sie haben am 06.05. an einem firmeninternen Training teilgenommen.*
           Bitte teilen Sie uns auf dem Feedbackbogen mit, wie es Ihnen gefallen hat.

Nachher?   ....

           ....

Übung A.2
Vorher: **Bezug nehmend auf Ihre verständliche Frage nach dem voraussichtlichen*
           Gewinn …

Nachher?   ....

           ....

Übung A.3
Vorher: **Wir möchten uns für Ihr hohes Engagement beim Projekt „Future Now!"*
           herzlich bedanken und anerkennen Ihre Leistung mit einer Prämie.

Nachher?   ....

           ....

Aus der Empfängerperspektive schreiben

Wagen Sie einen Perspektivwechsel und versetzen Sie sich in Ihr Gegenüber!

Stellen Sie sich die Frage: Was erwartet die Person, der ich schreibe, von mir?
- Antwort auf eine Frage
- Bestätigung einer Vermutung
- Zusage auf eine Bitte, ein Ansuchen
- Positive Erledigung einer Retoure etc.
- Bestätigung einer Bestellung
- Erhalt lang erwarteter Auftragsunterlagen
- Angefordertes Informationsmaterial

Durch Zitieren oder Paraphrasieren erreichen Sie eine positive Haltung des Empfängers, gleich zu Beginn Ihres Schreibens. Wiederholen Sie am Briefbeginn sein Anliegen:

Sie fragen nach der Verfügbarkeit von …
Sie möchten wissen, ob …
Sie würden sich über längere Öffnungszeiten freuen.
Sie haben unseren Fragebogen ausgefüllt und …
Sie fühlen sich gestört durch …
Ihre Klientin ist mit unserem Vorgehen nicht einverstanden.
Ihr Betreuer hat sich seit zwei Wochen nicht mehr gemeldet.
Sie möchten Ihre Bestellung stornieren.
Sie haben sich bei uns um eine Stelle als Buchhalterin beworben.
Sie möchten Ihren Mietvertrag beenden.

Versetzen Sie sich in die Lage Ihres Gegenübers:
- Was erwartet man von Ihrem Brief?
- Wird Ihr Brief Freude machen oder enttäuschen?
- Könnte man sich über Ihre Mitteilung ärgern?
- Was hat man zuvor an Sie geschrieben?

Empfängerorientierung, und damit bester Corporate Code, ist es, wenn ein Brief nicht mit *Ich* begonnen wird, sondern mit *Sie*:

Nicht empfängerorientiert:
*Ich schicke Ihnen die gewünschten Unterlagen.
Empfängerorientiert:
Sie erhalten die gewünschten Unterlagen.

Übungen – Aus der Empfängerperspektive schreiben

Übung B.1
Vorher: *In der Anlage übermittle ich Ihnen die Auflistung der Seminare.

Nachher?   ....

Übung B.2
Vorher: *Es wurde Ihnen keine Genehmigung erteilt.

Nachher?   ....

Übung B.3
Vorher: *Aufgrund unzureichender Deckung müssen wir Ihnen leider mitteilen,
            dass Schäden an nicht im versicherten Objekt befindlichen Gegenständen
            von uns nicht übernommen werden. (Ein Schaden an einem Gegenstand,
            der sich außerhalb des versicherten Gebäudes befand.)

Nachher?   ....

            ....

            ....

Übung B.4
Vorher: *Mit oben angeführtem Schreiben wurden wir informiert, dass der
            gegenständliche Mietvertrag vorzeitig beendet werden soll, weil ...

Nachher?   ....

            ....

Übung B.5
Vorher: *Wir ersuchen Sie daher um ergänzende Informationen.

Nachher?   ....

Ihr Gegenüber steht im Mittelpunkt

Beginnen Sie niemals mit *Ich* oder *Wir*:

Vorher: *Wir bedanken uns für Ihre Anfrage und senden Ihnen unsere Preisliste.*
Empfänger im Mittelpunkt: *Vielen Dank für Ihre Anfrage. Hier erhalten Sie unsere Preisliste.*

Beginnen Sie niemals mit *Es*:

Vorher: *Es bestehen folgende Möglichkeiten zur Buchung: ...*
Empfänger im Mittelpunkt: *So einfach können Sie buchen: ...*

Vorher: *Alle Aktivitäten von unseren Geschäftspartnern im Rahmen der Geschäftsbedingungen werden von uns sehr geschätzt.*
Empfänger im Mittelpunkt: *Ihre Aktivitäten im Rahmen der Geschäftsbedingungen schätzen wir sehr.*

Übungen – Ihr Gegenüber steht im Mittelpunkt

Übung C.1
Vorher: *Wir liefern Ihnen eine komplette Aufstellung der Kosten.*

Nachher? ....

Übung C.2
Vorher: *Ich sende Ihnen das Schreiben mit der Bitte um Stellungnahme.*

Nachher? ....

Übung C.3
Vorher: *Es ist wichtig, dass die Unterlagen bis zum ... bei uns eintreffen.*

Nachher? ....

Übung C.4
Vorher: *Ein neuer Antrag ist erforderlich.*

Nachher?   ....

Übung C.5

Vorher: *Zuerst möchten wir die Gelegenheit wahrnehmen, uns für Ihr Interesse an
             einer geschäftlichen Kooperation zu bedanken.

Nachher?   ....

             ....

Übung C.6

Vorher: *Wir machen Sie aufmerksam ...

Nachher?   ....

Übung C.7

Vorher: *Wir hoffen, Ihnen mit unserer Antwort weitergeholfen zu haben.

Nachher?   ....

Komplexe Texte verständlich machen

Im vorangegangenen Kapitel haben wir bereits ausführlich das Thema „Verständlichkeit" untersucht und Sie haben die sechs Basisregeln für Verständlichkeit kennengelernt. Auch die Empfängerorientierung macht komplexe Texte verständlicher. Dazu
dienen drei weitere Regeln:
   – **Übersichtlich gliedern**
   – **Interpunktion nutzen**
   – **Bildhafte Sprache**

Übersichtlich gliedern

Vorher: *Dankend bestätigen wir den Erhalt Ihrer Anfrage und möchten Sie gerne
             wie folgt informieren: Inserate können ausschließlich zeitlich begrenzt
             genehmigt werden, daher ersuche ich Sie, uns den von Ihnen geplanten Zeit-
             raum und den Namen der Regionalzeitung sowie das Format mitzuteilen.

Gegliedert: *Vielen Dank für den Entwurf Ihrer Anzeige. Damit Sie Ihr Inserat in der genehmigten Zeitspanne schalten können, benötigen wir noch einige Informationen:*
- *Geplanter Zeitraum*
- *Name der Regionalzeitung*
- *Format*

Vorher: **Welche Vorteile genießt ein Arbeitnehmer?*
Entgeltfortzahlung bei Krankheit, Urlaub und sogar bei Pflegefreistellung, eventuell Anspruch auf Jubiläumsgeld, Kündigungsschutz, Arbeitslosengeld, Insolvenzausfallgeld, Vorteile durch die günstige Besteuerung des 13. und 14. Monatsbezuges, kein bzw. geringer Selbstbehalt in der Sozialversicherung. Altersvorsorge gibt es nun nicht nur für Arbeitnehmer, sondern auch für Selbständige.

Gegliedert: *Welche Vorteile genießen Sie als Arbeitnehmer?*
- *Entgeltfortzahlung bei Krankheit, Urlaub oder sogar bei Pflegefreistellung, eventuell Anspruch auf Jubiläumsgeld, Insolvenzausfallgeld*
- *Vorteile durch die günstige Besteuerung des 13. und 14. Monatsbezugs*
- *Kein bzw. geringer Selbstbehalt in der Sozialversicherung*
- *Altersvorsorge gibt es nun nicht nur für Arbeitnehmer, sondern auch für Selbständige*

Interpunktion nutzen
Interpunktion kann auflockern und verstärken.

Ohne besondere Interpunktion:
*Bei etwaigen Rückfragen stehen wir gerne zur Verfügung.
Mit Fragezeichen:
Sind noch Fragen offen?
Oder: *Benötigen Sie weitere Informationen?*

Ohne besondere Interpunktion:
* Für die Bestellung ist das Bestellformular A1 auszufüllen und einzusenden.
Mit Ausrufezeichen:
Für Ihre Bestellung senden Sie uns bitte das ausgefüllte Formular A1!

Ohne besondere Interpunktion:
*Natürlich steht Ihnen auch unser Telefonservice und vor allem unsere Online-Bestellmöglichkeit unter www.schönundgut.com für Bestellungen zur Verfügung.

Mit Doppelpunkt:

> *Wählen Sie unter zwei bequemen Bestellmöglichkeiten:*
> *- Telefonservicenummer: 0800 123 456 oder*
> *- Online-Bestellmöglichkeit unter www.schönundgut.com*

Bildhafte Sprache

„Je abstrakter die Wahrheit ist, die man lehren will, umso mehr muss man die Sinne zu ihr führen" (Friedrich Nietzsche in: „Die Lehre vom Stil", zitiert nach Gauger 1995: S. 233). Verwenden Sie Wörter und Formulierungen, die Bilder im Kopf hervorrufen:

Abstrakte Begriffe:	*mitteilen*
	informieren
	kontaktieren
	übermitteln
	unterfertigen

Bildhafte Begriffe:	*anrufen*
	ansprechen
	bitten
	einladen
	schicken
	überzeugen
	unterschreiben

Abstrakt:	**Sie haben die folgenden Möglichkeiten: …*
Bildhaft:	*Wählen Sie unter vier Möglichkeiten: …*

Abstrakt:	**Mit der Gegenseite haben wir Kontakt aufgenommen.*
Bildhaft:	*Mit der gegnerischen Anwältin haben wir gesprochen.*

Übungen – Komplexe Texte verständlich machen

Übung D.1 – Gliederung

Vorher: **Um Ihnen rasch die gewünschte Auskunft geben zu können, nennen Sie uns bitte Ihre Kundennummer, die gegenständliche Auftragsnummer und Ihre Postleitzahl sowie die Gerätenummer, die sich auf der Unterseite des Geräts befindet.*

Nachher?   ....

....

....

Übung D.2 – Interpunktion
Vorher: *Wenn Sie uns mündlich Feedback geben wollen, nutzen Sie unsere Kun-
              denhotline unter 0800 123 456.

Nachher?   ....

....

Übung D.3 – Bildhafte Sprache
Vorher: *Kontaktieren Sie potenzielle Kunden persönlich, schriftlich oder telefonisch,
              um ihnen mehr Information über unser Angebot zu geben.

Nachher?   ....

....

Übung D.4 – Bildhafte Sprache
Vorher: *Sofern Sie eine Modifikation Ihrer Bestellung beabsichtigen, ...

Nachher?   ....

Übung D.5 – Bildhafte Sprache
Vorher: *... ist eine vertragliche Regelung zu erstellen.

Nachher?   ....

Übung D.6 – Bildhafte Sprache
Vorher: *Das Land Hessen hat uns mit Schreiben vom 02.02.2011 mitgeteilt, dass
              für das Grundstück 1234 noch die behördliche Bestätigung erforderlich ist.

Nachher?   ....

....

Glaubwürdig bleiben

Manche Äußerung wirkt unglaubwürdig, wenn wir zu viel des Guten tun.
So bleiben Sie glaubwürdig:

- **Keine abschwächenden Wörter**
- **Keine leeren Versprechungen**
- **Keine vagen Aussagen**
- **Kein unnötiger Konjunktiv**
- **Keine schiefen Metaphern**
- **Keine falschen Steigerungen**

Keine abschwächenden Wörter
Erwecken Sie nicht den Eindruck, Sie meinten eigentlich das Gegenteil.
Abschwächende Wörter können unaufrichtig wirken.

Abgeschwächt:	*Für etwaige Rückfragen ...*
Glaubwürdig:	*Für weitere Fragen ...*

Abgeschwächt:	*Eventuelle Gutschriften erhalten Sie ...*
Glaubwürdig:	*Gutschriften erhalten Sie ...*

Keine leeren Versprechungen
Übertreiben Sie nicht, bleiben Sie glaubwürdig.

Übertrieben:	*... stehen wir selbstverständlich jederzeit gerne zu Ihrer Verfügung.*
Glaubwürdig:	*... stehen wir gerne zu Ihrer Verfügung.*

Übertrieben:	*Sollten Sie sonst noch irgendwelche Informationen benötigen, können Sie mich gerne jederzeit kontaktieren.*
Glaubwürdig:	*Sie können mich gerne anrufen, wenn Sie weitere Informationen benötigen.*
Oder:	*Bitte rufen Sie mich an, wenn Sie weitere Informationen benötigen.*
Oder:	*Haben Sie weitere Fragen?*

Keine vagen Aussagen

Prüfen Sie: Kann ich Vages konkretisieren? In der Psychotherapie spricht man vom Spezifizieren. Klienten, die verallgemeinernde Aussagen machen, werden vom Therapeuten durch behutsames Hinterfragen dazu gebracht, vollständig zu spezifizieren (vgl. Bandler, Grinder 2011: S. 105 ff.). Seien Sie Ihr eigener Therapeut, durchleuchten Sie Ihre Aussagen und drücken Sie sich möglichst präzise aus.

Vage:	*Wir sind um rascheste Lösung bemüht.*
Glaubwürdig:	*Wir bemühen uns, das Problem innerhalb von 14 Tagen zu lösen.*

Vage:	*Maßnahmen zur Verbesserung sind bereits im Laufen.*
Glaubwürdig:	*Unser Technikteam arbeitet an einer Verbesserung bis Ende Juni.*
(Notfalls:	*Sobald wir eine Lösung gefunden haben, informieren wir Sie.)*

Kein unnötiger Konjunktiv

Warum würden wir lediglich ...? Sagen wir die Dinge so, wie sie sind.

Vage:	*Wir würden uns freuen, ...*
Glaubwürdig:	*Wir freuen uns, ...*

Vage:	*... würden wir noch folgende Unterlagen benötigen: ...*
Glaubwürdig:	*... benötigen wir noch folgende Unterlagen: ...*

Ausnahme: Höfliche Zurückhaltung:
Ihre baldige Zusage würde die Vorbereitung des Workshops erleichtern.
Könnten Sie die Unterlagen noch heute schicken?

Ohne Konjunktiv klängen die beiden Sätze entschiedener, aber auch weniger höflich:
Ihre baldige Zusage erleichtert die Vorbereitung des Workshops.
Können Sie die Unterlagen noch heute schicken?

Keine schiefen Metaphern (Bilder)

Schief:	*Der Euro-Schutzschirm wird weiter gefüllt.*
Glaubwürdig:	*Der Euro-Schutzschirm wird vergrößert.*

Keine falschen Steigerungen

Manche Wörter lassen sich nicht mehr steigern. Sie sind bereits Ausdruck der höchsten Steigerung.

Falsch: *Der optimalste Erfolg ...
Richtig: Der optimale Erfolg ...

Falsch: *Zur vollsten Zufriedenheit ...
Richtig: Zur Zufriedenheit ...

Übungen – Glaubwürdig bleiben

Übung E.1 – Keine abschwächenden Wörter
Vorher: * ... was ein mögliches Risiko darstellt.

Nachher?   ....

Übung E.2 – Keine abschwächenden Wörter
Vorher: *Das Entzünden von Kerzen auf Tannenreisig ist strikt untersagt.

Nachher?   ....

Übung E.3 – Keine vagen Aussagen
Vorher: *Sobald wir über die Ergebnisse verfügen, ...

Nachher?   ....

Übung E.4 – Kein unnötiger Konjunktiv
Vorher: *Bitte reagieren Sie innerhalb der zehntägigen Frist auf dieses Schreiben,
               da danach unser Inkassodienst weitere Schritte unternehmen würde.

Nachher?   ....

               ....

Zwischen den Zeilen lesen

Lesen Sie zwischen den Zeilen:
  – Was wollte man Ihnen wirklich mitteilen?
  – Gibt es eine versteckte Drohung oder gibt es verstecktes Lob?

Marshall B. Rosenberg empfiehlt: „Geben Sie Aussagen wieder, die emotional geladen sind." Doch er ergänzt: „Geben Sie die Worte des anderen nur dann wieder, wenn es zu größerem Mitgefühl und Verständnis beiträgt." (Rosenberg 2002: S. 110).

Sie arbeiten beim Kundendienst des Haushaltsgeräteherstellers Schön & Gut. Ein Fachhändler schreibt Ihnen:

„Grundsätzlich finde ich Ihre Produkte ja wirklich hervorragend, aber manchmal habe ich echt Schwierigkeiten, wenn meine Kunden einige Schön-&-Gut-Produkte zu teuer finden. Können Sie mir zum Beispiel erklären, warum der gleiche Staubsauger wie unser Modell Superturbo beim Baumarkt nur 99,- EUR kostet, bei Schön & Gut aber mit 169,- EUR viel zu teuer ist?!!!"

Was hier zwischen den Zeilen steht: Der Fachhändler lässt durchblicken, dass er grundsätzlich zufrieden ist. Und er lässt Sie spüren, dass er verärgert ist. (Beachten Sie die drei Ausrufezeichen.) Wie beginnen Sie Ihr Antwortschreiben?

Vorher: *Vielen Dank für Ihre Anfrage, zu der wir wie folgt Stellung nehmen: Grundsätzlich ist die Preisgestaltung der verschiedenen Unternehmen sehr unterschiedlich. Das von Ihnen erwähnte Vergleichsprodukt ...*

Empfängerorientiert: *Vielen Dank für Ihre Anfrage. Sie sind mit der Qualität der Schön-&-Gut-Produkte zufrieden und möchten nun wissen, warum unser Modell Superturbo in Baumärkten billiger zu kaufen ist ...*

Entdecken Sie die versteckte Botschaft! Um empfängerorientiert schreiben zu können, genügt es nicht, nur in der Sach- und Appelebene zu formulieren. Prüfen Sie im folgenden Beispiel, was der Autor in der Ich-Ebene (siehe Kommunikationsquadrat, S. 90) über sich selbst mitteilt und wie er in der Du-Ebene den Adressaten einschätzt. Lesen Sie zwischen den Zeilen:

a) Ich darf Sie um dringenden Rückruf in dieser Angelegenheit ersuchen.
b) Ich darf Sie um dringenden Rückruf in dieser Angelegenheit bitten.
c) Ich ersuche Sie um dringenden Rückruf in dieser Angelegenheit.
d) Ich bitte Sie dringend um Rückruf in dieser Angelegenheit.
e) Bitte rufen Sie mich in dieser Angelegenheit dringend zurück.
f) Bitte rufen Sie mich dringend zurück, damit wir ... klären können.
g) Könnten Sie mich bitte zurückrufen?
h) Bitte dringend um Rückruf!

Die Aufforderungen a) bis c) drücken eine Höherstellung des Autors aus, wobei a) und b) besonders überheblich sind. Die Bitten d) bis g) drücken Gleichrangigkeit aus, h) ist ein Hilferuf.

Das zweite Beispiel zeigt die Bandbreite von bürokratischer Abgehobenheit bis zu sachlich-freundlicher Wertschätzung:

a) *Bezug nehmend auf Ihr Schreiben vom 24.02.2010 bedauern wir, dass Sie nicht in direkte Verhandlungen mit uns treten möchten.*

b) *Wir nehmen Bezug auf Ihr Schreiben vom 24.02.2010 und bedauern, dass Sie nicht mit uns in direkte Verhandlungen treten möchten.*

c) *In Ihrem Schreiben vom 24.02.2010 teilen Sie mit, dass Sie nicht mit uns in direkte Verhandlungen treten möchten, was wir sehr bedauern.*

d) *Vielen Dank für Ihr Schreiben vom 24.02.2010. Sie möchten nicht mit uns in direkte Verhandlungen treten, was wir sehr bedauern.*

e) *Vielen Dank für Ihre Nachricht vom 24.02.2010. Schade, dass Sie nicht mit uns direkt verhandeln möchten, was wir sehr bedauern.*

f) *Vielen Dank für Ihre Nachricht vom 24.02.2010. – Schade, dass Sie nicht mit uns direkt verhandeln wollen!*

Der Satz a) beginnt mit einer Floskel und vermittelt bürokratische Routine.

b) wirkt wenig empfängerorientiert, weil er mit *wir* beginnt.

c) ist höflicher, weil der Adressat an den Anfang gestellt ist und die Empfindung glaubhafter ist.

d) ist sachlich und spricht den Empfänger direkt an.

e) ist offener, weil die Nominalisierung *in Verhandlung treten* verbalisiert worden ist.

f) ist sehr direkt und lädt zum Dialog ein.

Übung – Zwischen den Zeilen lesen

Übung F.1

Vorangegangenes Schreiben:	„Können Sie mir bitte mitteilen, ob meine Bestellung wirklich noch vor Weihnachten geliefert werden kann?"
Antwort vorher:	**Bezug nehmend auf Ihre Frage nach dem Liefertermin, teilen wir Ihnen mit, dass Ihre Bestellung noch vor Weihnachten geliefert werden kann.*

Antwort nachher? ....

....

....

Der Dreh ins Positive

Manchmal müssen Sie auch unangenehme Themen ansprechen:
- Mahnung
- Mitteilung einer Lieferverzögerung
- Ablehnung eines Antrags
- Bitte um verbesserte Unterlagen
- Information über Preiserhöhung
- Absage einer Veranstaltung etc.

In fast jeder schlechten Nachricht steckt auch ein Vorteil. Beschreiben Sie ihn!

Negativ: *Wir haben Ihre Unterlagen erhalten, möchten aber darauf hinweisen, dass
              für eine Gebührenrückvergütung die entsprechenden Formulare ausgefüllt
              und an uns geschickt werden müssen.*

Positiv: *Vielen Dank für Ihre Unterlagen. Um Ihre Gebührenrückvergütung zu
              beantragen, brauchen Sie nur noch die entsprechenden Formulare auszu-
              füllen und uns zu schicken.*

Negativ: *Des Weiteren möchte ich Sie darüber informieren, dass wir uns im IT-
              Bereich mitten in einer Umbruchphase befinden. Wir bitten daher um Ver-
              ständnis, wenn es in den kommenden Wochen zu Ausnahmen in der Rech-
              nungslegung kommt.*

Positiv: *Um auch im IT-Bereich auf höchstem Niveau arbeiten zu können, wird
              derzeit die Software auf den aktuellen technischen Stand gebracht.
              Bitte haben Sie Verständnis, wenn es in den kommenden Wochen zu
              Ausnahmen in der Rechnungslegung kommt.*

Natürlich funktioniert der Dreh ins Positive nur, wenn es auch wirklich einen positiven Aspekt gibt. Man muss ihn eben entdecken. Es wäre zynisch, eine ausschließlich
schlechte Nachricht positiv darzustellen. Wer aus seiner Mietwohnung gekündigt ist,
würde sich verhöhnt fühlen, wenn man ihm als Dreh ins Positive viel Erfolg bei der
Wohnungssuche wünschen würde. Zumindest kann man mit gewaltfreier Sprache negative Informationen wertschätzend ausdrücken.

Übungen – Der Dreh ins Positive

Übung G.1

Vorher: *Zu Ihrer geschätzten Information und Veranlassung übersenden wir Ihnen
              den nicht bearbeiteten Antrag. Grund für die Nichtbearbeitbarkeit:
              fehlende Unterschrift.*

Nachher? ....

....

....

Übung G.2

Vorher: *Die folgende Voraussetzung muss erfüllt sein, damit Sie eine Prämie erhalten: ...*

Nachher? ....

....

Übung G.3

Vorher: *Bei der Überprüfung wurde festgestellt, dass noch keine Zahlung für Ihre letzte Bestellung eingegangen ist. Vor einer neuen Bestellung muss eine Banküberweisung getätigt werden.*

Nachher? ....

....

Übung G.4

Vorher: *Bitte beachten Sie die Pflichten zur Sicherung des Deckungsanspruchs (Obliegenheiten) im beiliegenden Merkblatt.*

Nachher? ....

....

PS als aktivierender Zusatz

Als Briefe noch von Hand geschrieben und später dann mit der Schreibmaschine getippt wurden, gab es nur bescheidene Möglichkeiten für nachträgliche Korrekturen und gar keine für Einfügungen oder Ergänzungen. Wenn Schreibende nach Beendigung ihrer Briefe noch etwas hinzufügen wollten, mussten sie diese Ergänzungen wohl oder übel am Ende des Briefes hinzufügen. Eine solche Ergänzung platzierte man unterhalb der (damals noch analogen) Signatur (lat. *Es wurde gezeichnet*) und nannte sie *Postskriptum*, was ebenfalls lateinisch ist und *Nach dem Geschriebenen* bedeutet. *Postskriptum* wird als *PS* abgekürzt. Rein technisch gesehen wäre ein Postskriptum heute unnötig, denn in Computer-Schreibprogrammen kann man überall korrigieren und ausbessern, ohne dass Lesende es je bemerken würden. Aber in allen Schriften, die sich mit Direct Marketing beschäftigen, wird auf die im wahrsten Sinne des Wortes, *hervorragende* Wirkung eines Postskriptums hingewiesen: Das Postskriptum wird noch vor dem eigentlichen Brieftext gelesen. So bietet das PS also eine bessere Möglichkeit, besonders wichtige Informationen hervorzuheben, als sie eine Hervorhebung innerhalb des Textes (z. B. durch Unterstreichung oder fetten Schriftschnitt) erreichen würde.

So können Sie Ihre wichtigste Botschaft in emotionaler Weise im PS wiederholen:

> *PS: Nehmen Sie sich Zeit, um sich mit den vielen Vorteilen des XY-Projektes vertraut zu machen!*

> *PS: Überprüfen Sie Ihren PC auf Viren und löschen Sie verdächtige E-Mails, ohne den Anhang zu beachten.*

Übung – PS als aktivierender Zusatz
Information im Brieftext: *Abgabefrist der Bewerbungsunterlagen bis 05.05.2014*

Postskriptum: *PS:* ....

Lösungen für die Übungen zur Empfängerorientierung

Wie ich bereits am Anfang der Übungen erwähnt habe, handelt es sich um Lösungsvorschläge. Es gibt keine 100 Prozent „richtigen" Nachher-Lösungen. Wesentlich ist, dass Ihre Lösung stärker empfängerorientiert ist als die Vorher-Variante.

Lösungen – Der richtige Einstieg, Leser/innen abholen

Lösung A.1
Vorher: *Sie haben am 06.05. an einem firmeninternen Training teilgenommen.
Bitte teilen Sie uns auf dem Feedbackbogen mit, wie es Ihnen gefallen hat.*

Nachher: *Wie hat Ihnen unser firmeninternes Training am 06.05. gefallen? Bitte beantworten Sie unseren Feedbackbogen.*

Lösung A.2

Vorher: **Bezug nehmend auf Ihre verständliche Frage nach dem voraussichtlichen Gewinn …*

Nachher: *Sie möchten natürlich wissen, wie hoch der voraussichtliche Gewinn ist …*

Lösung A.3

Vorher: **Wir möchten uns für Ihr hohes Engagement beim Projekt „Future Now!" herzlich bedanken und anerkennen Ihre Leistung mit einer Prämie.*

Nachher: *Sie haben sich beim Projekt „Future Now!" sehr engagiert. Dafür danken wir Ihnen herzlich und anerkennen Ihre Leistung mit einer Prämie.*

Lösungen – Aus der Empfängerperspektive schreiben

Lösung B.1

Vorher: **In der Beilage übermittle ich Ihnen die Auflistung der Seminare.*
Nachher: *Hier erhalten Sie unsere Seminarliste.*

Lösung B.2

Vorher: **Es wurde Ihnen keine Genehmigung erteilt.*
Nachher: *Sie haben keine Genehmigung erhalten.*

Lösung B.3

Vorher: **Aufgrund unzureichender Deckung müssen wir Ihnen leider mitteilen, dass Schäden an nicht im versicherten Objekt befindlichen Gegenständen von uns nicht übernommen werden. (Ein Schaden an einem Gegenstand, der sich außerhalb des versicherten Gebäudes befand.)*

Nachher: *Sie wünschen die Deckung eines Schadens, der außerhalb Ihres Hauses entstanden ist. Ihre Hausratversicherung deckt jedoch nur Schäden an Gegenständen innerhalb des Hauses ab.*

Lösung B.4

Vorher: **Mit oben angeführtem Schreiben wurden wir informiert, dass der gegenständliche Mietvertrag vorzeitig beendet werden soll, weil …*
Nachher: *Sie möchten Ihren Mietvertrag vorzeitig beenden, weil …*

Lösung B.5

Vorher:	*Wir ersuchen Sie daher um ergänzende Informationen.
Nachher:	Haben Sie ergänzende Informationen für uns?

Lösungen – Den Empfänger in den Mittelpunkt rücken

Lösung C.1

Vorher:	*Wir liefern Ihnen eine komplette Aufstellung der Kosten.
Nachher:	Sie erhalten eine komplette Kostenaufstellung.

Lösung C.2

Vorher:	*Ich sende Ihnen das Schreiben mit der Bitte um Stellungnahme.
Nachher:	Hier erhalten Sie das Schreiben mit der Bitte um Stellungnahme.
Besser:	Hier erhalten Sie das Schreiben, bitte nehmen Sie dazu Stellung.
Oder:	Hier erhalten Sie das Schreiben, könnten Sie bitte dazu Stellung nehmen?

Lösung C.3

Vorher:	*Es ist wichtig, dass die Unterlagen bis zum ... bei uns eintreffen.
Nachher:	Bitte senden Sie uns Ihre Unterlagen rechtzeitig, damit sie spätestens am ... bei uns eintreffen.

Lösung C.4

Vorher:	*Ein neuer Antrag ist erforderlich.
Nachher:	Bitte stellen Sie einen neuen Antrag.

Lösung C.5

Vorher:	*Zuerst möchten wir die Gelegenheit wahrnehmen, uns für Ihr Interesse an einer geschäftlichen Kooperation zu bedanken.
Nachher:	Vielen Dank für Ihr Interesse an einer geschäftlichen Kooperation.
Besser:	Vielen Dank für Ihr Interesse an einer Zusammenarbeit.

Lösung C.6

Vorher:	*Wir machen Sie aufmerksam ...
Nachher:	Beachten Sie bitte ...

Lösung C.7

Vorher:	*Wir hoffen, Ihnen mit unserer Antwort weitergeholfen zu haben.
Nachher:	Haben Sie noch Fragen? Sie können mich gerne anrufen.
Oder:	Haben Sie noch Fragen? Bitte wenden Sie sich an unseren Kundendienst.

Lösungen – Komplexe Texte verständlich machen

Lösung D.1 – Gliederung

Vorher: **Um Ihnen rasch die gewünschte Auskunft geben zu können, nennen Sie uns bitte Ihre Kundennummer, die gegenständliche Auftragsnummer und Ihre Postleitzahl sowie die Gerätenummer, die sich auf der Unterseite des Geräts befindet.*

Nachher: *So können wir Ihnen rasch die gewünschte Auskunft geben:*
Bitte nennen Sie uns die
- *Kundennummer,*
- *Auftragsnummer,*
- *Gerätenummer (auf der Unterseite des Geräts).*

Lösung D.2 – Interpunktion

Vorher: **Wenn Sie uns mündlich Feedback geben wollen, nutzen Sie unsere Kundenhotline unter 0800 123 456.*

Nachher: *Wollen Sie uns mündlich Feedback geben?*
Nutzen Sie unsere Kundenhotline 0800 123 456!

Lösung D.3 – Bildhafte Sprache

Vorher: **Kontaktieren Sie potenzielle Kunden persönlich, schriftlich oder telefonisch, um Ihnen mehr Information über unser Angebot zu geben.*

Nachher: *Sprechen Sie potenzielle Kundinnen und Kunden persönlich an, schreiben Sie einen Brief oder greifen Sie zum Telefon, um sie von unserem Angebot zu begeistern.*

Lösung D.4 – Bildhafte Sprache

Vorher: **Sofern Sie eine Modifikation Ihrer Bestellung beabsichtigen, ...*

Nachher: *Wenn Sie Ihre Bestellung ändern möchten, ...*

Lösung D.5 – Bildhafte Sprache

Vorher: **... ist eine vertragliche Regelung zu erstellen.*

Nachher: *... muss ein Vertrag geschlossen werden.*

Lösung D.6 – Bildhafte Sprache

Vorher: **Das Land Hessen hat uns mit Schreiben vom 02.02.2011 mitgeteilt, dass für das Grundstück 1234 noch die behördliche Bestätigung erforderlich ist.*

Nachher: *Das Land Hessen fordert mit Schreiben vom 02.02.2011 die behördliche Bestätigung für das Grundstück 1234.*

Lösungen – Glaubwürdig bleiben

Lösung E.1 – Keine abschwächenden Wörter
Vorher: *... was ein mögliches Risiko darstellt.*
Nachher: ... was ein Risiko darstellt.
Besser: ... was ein Risiko ist.
Oder: ... was riskant ist.

Lösung E.2 – Keine abschwächenden Wörter
Vorher: *Das Entzünden von Kerzen auf Tannenreisig ist strikt untersagt.*
Nachher: Das Entzünden von Kerzen auf Tannenreisig ist verboten.
Besser: Brennende Kerzen auf Tannenreisig sind verboten.

Lösung E.3 – Keine vagen Aussagen
Vorher: *Sobald wir über die Ergebnisse verfügen, ...*
Nachher: In vier Wochen sollten wir über die Ergebnisse verfügen.
Oder: Voraussichtlich können wir Ihnen die Ergebnisse in vier Wochen liefern.

Lösung E.4 – Kein unnötiger Konjunktiv
Vorher: *Bitte reagieren Sie innerhalb der zehntägigen Frist auf dieses Schreiben, da
                     danach unser Inkassodienst weitere Schritte unternehmen würde.*
Nachher: Bitte reagieren Sie innerhalb der zehntägigen Frist auf dieses Schreiben.
                     Ansonsten muss unser Inkassodienst weitere Schritte unternehmen.

Lösung – Zwischen den Zeilen lesen

Lösung F.1
Vorangegangenes Schreiben: „Können Sie mir bitte mitteilen, ob meine Bestel-
                                                         lung wirklich noch vor Weihnachten geliefert wer-
                                                         den kann?"

Antwort vorher: *Bezug nehmend auf Ihre Frage nach dem Liefertermin, teilen wir Ihnen mit, dass Ihre Bestellung noch vor Weihnachten geliefert werden kann.*

Antwort nachher: Seien Sie unbesorgt, wir können Ihre Bestellung noch
                                                         vor Weihnachten liefern!

Lösungen – Der Dreh ins Positive

Lösung G.1

Vorher: *Zu Ihrer geschätzten Information und Veranlassung übersenden wir Ihnen den nicht bearbeiteten Antrag. Grund für die Nichtbearbeitbarkeit: fehlende Unterschrift.*

Nachher: *Vielen Dank für Ihren Antrag. Wir möchten ihn rasch bearbeiten, dazu benötigen wir aber noch Ihre Unterschrift auf dem Formular.*

Lösung G.2

Vorher: *Die folgende Voraussetzung muss erfüllt sein, damit Sie eine Prämie erhalten: ...*

Nachher: *Sie erhalten eine Prämie, wenn Sie ...*

Lösung G.3

Vorher: *Bei der Überprüfung wurde festgestellt, dass noch keine Zahlung für Ihre letzte Bestellung eingegangen ist. Vor einer neuen Bestellung muss eine Banküberweisung getätigt werden.*

Nachher: *Sie haben Ihre letzte Bestellung noch nicht bezahlt. Bitte überweisen Sie den offenen Betrag, damit Sie weiter bestellen können.*

Lösung G.4

Vorher: *Bitte beachten Sie die Pflichten zur Sicherung des Deckungsanspruchs (Obliegenheiten) im beiliegenden Merkblatt.*

Nachher: *Damit Ihr Versicherungsschutz aufrechterhalten bleibt, beachten Sie bitte die Pflichten auf dem beiliegenden Merkblatt.*

Lösung – PS als aktivierender Zusatz

Information im Brieftext: *Abgabefrist für die Bewerbungsunterlagen bis 05.05.2014*

Postskriptum: *PS: Die Bewerbungsfrist endet am 05.05.2014!*

Der E-Mail-Knigge

Im Jahr 1788 publizierte Adolph Freiherr Knigge (das Adelsprädikat *von* hatte er, als Freimaurer und Anhänger der Französischen Revolution, abgelegt) sein berühmtes Buch „Über den Umgang mit Menschen".

„Knigge beabsichtigte damit eine Aufklärungsschrift für Taktgefühl und Höflichkeit im Umgang mit den Generationen, Berufen, Charakteren, die einem auch Enttäuschungen ersparen sollte. Man kann seine durchdachten und weltkundigen Erläuterungen sehr wohl als angewandte Soziologie würdigen ...“ (http://de.wikipedia.org/wiki/Adolph_Freiherr_Knigge,11.05.2014).

Laut Wikipedia ist Knigges Werk nie ein Benimmbuch gewesen, und die Benimmregeln wurden erst nach seinem Tod vom Verlag hinzugefügt. Da aber einer seiner Nachfahren, Moritz Freiherr Knigge, im Jahr 2004 eine zeitgemäße Adaption mit dem Titel „Spielregeln. Wie wir miteinander umgehen sollten“ (ebd.) herausgebracht hat, wollen wir die geläufige Bezeichnung *Knigge* für unsere Schreib-Höflichkeitsregeln verwenden.

Für E-Mails gelten grundsätzlich dieselben Höflichkeitsregeln wie für Briefe. Heute werden die meisten wichtigen Schriftstücke in Form von E-Mails versendet. Lediglich Verträge und Policen werden noch in klassischen Postkuverts verschickt. Daher ist es selbstverständlich, dass die Höflichkeitsregeln, die ursprünglich für den Brief gegolten haben, nun auf das E-Mail übergegangen sind. Jedoch unterliegen auch gesellschaftliche Konventionen und Stilfragen dem Wandel der Zeit. Da Sprache immer die gesellschaftliche Wirklichkeit reflektiert und gewissermaßen abbildet, haben auch die elektronischen Medien direkten Einfluss auf den Schreibstil. Heute verzichten wir auf Floskeln und schreiben weniger förmlich.

Schreibweise *Betreff*
Wir schreiben den Betreff fett und können so auf das Wort *Betreff* oder auf die Abkürzung *betr.* verzichten:
(Gilt nur im klassischen Postbrief, da die Betreffzeile im E-Mail automatisch gut hervorgehoben ist.)

Alt:	**betr. Ihre Rücksendung*
	Betrifft: Ihre Rücksendung
Modern:	***Ihre Rücksendung***

Wählen Sie einen klaren Betreff aus Empfängersicht
Der Betreff spielt bei der E-Mail eine im wahrsten Sinne des Wortes heraus-ragende Rolle, denn neben dem Absendernamen ist er sofort nach Eintreffen des Mails lesbar. Ein Postbrief hingegen zeigt außen nur den Absender und muss erst geöffnet werden, damit man erkennen kann, wovon er handelt. Der Empfänger Ihrer E-Mail soll bereits beim Lesen des Betreffs Klarheit über den Inhalt gewinnen. Formulieren Sie den Betreff so, dass man sofort versteht, worum es geht:

Ihre Anfrage vom 08.05.2014
Save the date: Verkaufstraining in Fuschl
Reisekostenabrechnung Mai 2014
Angebot Gegensprechanlage
After-Work-Clubbing am Donnerstag?

In einigen Unternehmen muss aus EDV- und verwaltungstechnischen Gründen die Kundennummer oder ein Bearbeitungscode im Betreff aufscheinen. Wenn diese nicht zu lang sind, lassen sie sich mit informativem Klartext kombinieren:

KN 1234567, Ihre Anfrage vom 08.05.2014
XY 1234567, Angebot Gegensprechanlage

Eom

Die Abkürzung *eom* bedeutet *end of message* und wurde ursprünglich eingesetzt, um das Ende einer Mailnachricht anzuzeigen. Somit wusste man, dass dort kein weiterer relevanter Text mehr folgt und keine Attachments mehr geöffnet werden müssen. In einigen Unternehmen wird *eom* am Ende der Betreffzeile angefügt, wenn es sich um eine extrem knappe Mitteilung handelt, die in der Betreffzeile Platz findet.

Termin morgen ist okay. eom

Der Empfänger weiß dann, dass er die Mail nicht öffnen muss und sie sofort löschen kann.

Keine verwirrenden Datumsangaben

(Ist nur im klassischen Postbrief relevant, da das Datum im E-Mail automatisch generiert wird.)

Alt: *Berlin, den 11. Juli 2012*
               Berlin, am 11. Juli 2012
Verwirrend: *Berlin 11/07/12* (2011 oder 2012? November, Juli oder Dezember?)
Modern: *Berlin, 11.07.2012*

Anrede von mehreren Personen

Begrüßen Sie mehrere Empfänger in der Rangreihenfolge und nicht nach Geschlecht. Begrüßen Sie nur die primären Empfänger, nicht die Cc-Empfänger. (Abkürzung *cc*: englisch *carbon copy*, deutsch *Kohlepapierdurchschlag*)

Moderne Anrede

Das Komma hat das Ausrufezeichen abgelöst; danach wird übrigens klein weitergeschrieben:

Alt: *Sehr geehrte Frau Müller!*

Modern: *Sehr geehrte Frau Müller,*
In Deutschland ist in der Wirtschaft die umgangssprachliche Begrüßung als Anrede
bereits weit verbreitet:
>   *Guten Tag Frau Müller,*
>   *Hallo Frau Müller,*

In Österreich und in Bayern wäre auch die Anrede *Grüß Gott Frau Müller* vorstellbar. Aber dieser Gruß, obwohl dort in gesprochener Form durchaus üblich, wirkt in
geschriebener Form sehr konservativ. Allenfalls könnte man ihn als rustikal-herzlich
empfinden. Er wäre daher als Erkennungsmerkmal z. B. für ein Landgasthaus oder
einen regionalen Käsereibetrieb geeignet.

Auf die spezifischen Unterschiede zwischen Deutschland, Österreich und der Deutschschweiz gehe ich auf S. 177 näher ein.

Zeitgemäße Abschiedsgrüße
Alt: **Hochachtungsvoll*
>   **… und verbleiben mit freundlichen Grüßen*
>   **Mit freundlichen Grüßen*
Zeitgemäß: *Freundliche Grüße*

Nur wenn Sie den Empfänger besser kennen:
>   *Grüße nach Wiesbaden*
>   *Grüße aus dem sonnigen Wien*
>   *Eine schöne Woche noch!*

Anrede und Titel
In Deutschland und in der Schweiz werden in der Unternehmensstandardsprache Adressaten nur mit dem Namen und ohne Titel oder Funktionsbezeichnungen angesprochen. Von den akademischen Titeln wird nur der Doktortitel genannt. Auch dieser
wird, mit Ausnahme des ärztlichen Doktortitels, zunehmend weggelassen. Im Bereich
der Diplomatie werden allerdings weiterhin Amtstitel genannt.

Viele Österreicher, vor allem in der Generation 50plus, sind es aber zum Beispiel
noch nicht gewohnt, Geschäftsführer, die über keinen akademischen Titel verfügen,
nur mit dem Nachnamen anzusprechen. So lautet dann die Anrede häufig immer noch
Sehr geehrter Herr Direktor. Auch der akademische Titel *Magister* (abgekürzt *Mag.*)
wird manchmal noch voll ausgeschrieben. Üblicherweise vereinbaren österreichische
Akademiker nach dem ersten Kennenlernen, auf die Nennung ihrer Titel zu verzich-

ten. Auch unter Kollegen derselben Firma gilt normalerweise das Weglassen von Titeln.

Wenn Sie auf das Schreiben eines Österreichers antworten, vergleichen Sie seinen Abschiedsgruß mit seiner Signatur: Zeichnet der Absender seinen Abschiedsgruß ohne akademischen Titel und führt seinen Titel nur in der Signatur, können Sie ihn ohne Titel adressieren. Im Zweifelsfall rufen Sie das Sekretariat Ihres Korrespondenzpartners an und erkundigen Sie sich, wie sie oder er angesprochen werden möchte. In der Schweiz wird nur der Professorentitel in der Adresszeile genannt, keine tieferen akademischen Titel.

Die folgenden Beispiele für korrekte Anreden wurden in drei Stilebenen eingeteilt: Konservativ, Standard und Progressiv. In Deutschland und in der Deutschschweiz trifft zumeist die Kategorie Progressiv zu, während im konservativeren Österreich eher die Kategorie Standard üblich ist.

Geschäftsführer ohne klassischem akademischen Titel

Beispielbau AG
August Müller
Vorstandsvorsitzender
Blindtextstraße 21a
10888 Berlin

Konservativ: Anrede nur mit Funktionstitel:
　　　　　　Sehr geehrter Herr Direktor, ...
Standard:　　Anrede mit Funktionstitel und Namen:
　　　　　　Sehr geehrter Herr Direktor Müller, ...
Progressiv:　In der Anrede keine Funktionstitel:
　　　　　　Sehr geehrter Herr Müller, ...

Geschäftsführerin mit klassischem akademischen Titel

Beispielbau AG
Dr. Annemarie Mayer
Vorstandsvorsitzende
Blindtextstraße 21a
10888 Berlin

Konservativ: Anrede nur mit Funktionstitel:
　　　　　　Sehr geehrte Frau Direktor, ...
Standard:　　Anrede mit Funktionstitel und Namen:
　　　　　　Sehr geehrte Frau Direktor Dr. Mayer, ...

Progressiv: In der Anrede nur akademische Titel, keine Funktionstitel:
               Sehr geehrte Frau Dr. Mayer, ...

Angestellte mit klassischem akademischen Titel

Beispielbau AG
Abteilung Marketing
Dr. Elisabeth Heller
Blindtextstraße 21a
10888 Berlin

Konservativ: Anrede mit ausgeschriebenem akademischen Titel:
              Sehr geehrte Frau Doktor, ...
Standard: Anrede mit abgekürztem akademischen Titel:
              Sehr geehrte Frau Dr. Heller, ...
Progressiv: Akademischer Titel nur bei medizinischen Berufen:
              Sehr geehrte Frau Heller, ...

Angestellte mit Master oder Bachelor

Titel, die hinter dem Namen geführt werden, werden nicht in der Anrede genannt.

Beispielbau AG
Abteilung Marketing
Sabine Gross, MSc
Blindtextstraße 21a
10888 Berlin

In der Anrede kein Bachelor- oder Mastertitel:
              Sehr geehrte Frau Gross, ...

Angestellte mit FH-Magister

Der österreichische Titel *Mag. (FH)* wird in der Empfängeradresse und in der Anrede genannt. (Träger dieses Titels müssen aber in ihrer Signatur den *(FH)*-Hinweis anbringen.)

Beispielbau AG
Abteilung Marketing
Mag. Nicole Fein
Blindtextstraße 21a
A-4603 Wels

Konservativ: *Sehr geehrte Frau Magister, ...*

Standard: *Sehr geehrte Frau Mag. Fein, ...*
Progressiv: *Sehr geehrte Frau Fein, ...*

Professor

Technische Universität Wien
Institut für Straßenbau
Prof. Dr. Hans Stark
Karlsplatz 1
A-1040 Wien

Konservativ: *Sehr geehrter Herr Professor, ...*
Standard: *Sehr geehrter Herr Prof. Stark, ...*

(In Österreich gibt es neben dem Universitätsprofessor sogar noch einen staatlich er-
nannten Ehrentitel *Professor*. Er wird in Anschrift und Anrede wie ein echter Professor
behandelt.)

Mehrere akademische Titel

Alle Titel werden in der Anschrift angeführt. In der Anrede wird nur der ranghöchste
Titel genannt.

Technische Universität Wien
Institut für Straßenbau
Mag. Dr. Christine Gutmann
Karlsplatz 1
A-1040 Wien

Sehr geehrte Frau Dr. Gutmann, ...

Amtsträger ohne akademischem Titel

Amtsträger werden mit dem vollen Titel, ohne Namen, angesprochen:

Gemeinde XY
Bürgermeister
Max Ehrlich
Blindtextstraße 21a
12345 Gemeinde

Sehr geehrter Herr Bürgermeister, ...

Amtsträger mit akademischem Titel
Technische Universität Wien
Rektorat
Rektorin Prof. DI Dr. Sabine Seidler
Karlsplatz 13
1040 Wien

Konservativ: *Magnifizenz,*
(Botschafter werden mit „Exzellenz" angesprochen.)
Standard: *Sehr geehrte Frau Rektorin, ...*

Beginnen Sie nie mit *Ich*.
Danken Sie für den vorangegangenen Kontakt oder beginnen Sie mit dem Anlass/
Grund Ihres Initiativschreibens aus Sicht des Empfängers.

Stellen Sie keine privaten Fragen.
Eine private Frage, z. B. „Wie war das Wochenende?", nötigt wegen ihrer offenen Form
den Korrespondenzpartner zu einer Antwort. Das könnte ihm auch unangenehm sein.
Wenn Sie schon einen persönlichen Einstieg für Ihren Brief möchten, können Sie eine
Feststellung treffen: „Ich hoffe, Sie hatten ein schönes Wochenende." Das zwingt Ihr
Gegenüber nicht zur Antwort.

Keine Antworten in die Historie schreiben.
Schreiben Sie Ihre Antworten oder Stellungnahmen nicht in den zitierten Brief. Wenn
Sie eine Frage beantworten, formulieren Sie Ihre Antwort als vollständigen Satz. Das
Hineinschreiben Ihrer Antwort in die Historie (also in den vorangegangenen und mitgeschickten Brieftext) ist unhöflich, weil Sie auf diese Weise den Text des Empfängers
verändern. Außerdem muss er im weiter unten stehenden Text nach Ihrer Antwort
suchen. Eine Ausnahme ist das Beantworten eines umfangreichen Fragenkatalogs.
Hier können Sie Ihre Antworten auf die betreffenden Fragen direkt in der Historie
anfügen, wenn Sie es zuvor explizit beschreiben: *Ich habe mir erlaubt, meine Antworten
direkt in Ihren Text einzufügen.* Lesefreundlich wäre es dann noch, diese Einfügungen
farblich hervorzuheben. So werden sie schneller gefunden und die Abgrenzung zu den
ursprünglichen Fragen ist deutlich.

Eine E-Mail ist keine SMS.
Wir haben festgestellt, dass für E-Mails dieselben Benimmregeln gelten wie für
klassische Briefe. Daher sollten Sie in Ihren Mails auf telegrammartige Kürzel und
Emoticons im Normalfall verzichten. Allerdings könnte ein Unternehmen, dessen

Sprachstilkriterien Jugendlichkeit und Spontaneität verlangen, mit solchen Corporate-Code-Markern (S. 162) ihr junges Image pflegen.

Beantworten Sie Mails innerhalb eines Arbeitstags.
Wenn Sie aus Zeitmangel, oder weil Ihnen eine nötige Auskunft fehlt, eine Mail nicht beantworten können, informieren Sie über den voraussichtlichen Termin Ihrer Antwort oder der Erledigung.

Gender-Mainstreaming

„Der Begriff Gender-Mainstreaming (...) bezeichnet den Versuch, die Gleichstellung der Geschlechter auf allen gesellschaftlichen Ebenen durchzusetzen. Der Begriff wurde erstmals 1985 auf der 3. UN-Weltfrauenkonferenz in Nairobi diskutiert und zehn Jahre später auf der 4. Weltfrauenkonferenz in Peking propagiert. Bekannt wurde Gender-Mainstreaming insbesondere dadurch, dass der Amsterdamer Vertrag 1997/1999 das Konzept zum offiziellen Ziel der Gleichstellungspolitik der Europäischen Union machte. Gender-Mainstreaming unterscheidet sich von expliziter Frauenpolitik dadurch, dass beide Geschlechter gleichermaßen in die Konzeptgestaltung einbezogen werden sollen" (http://de.wikipedia.org/wiki/Gender-Mainstreaming, am 11.05.2014). Gender-Mainstreaming in der Sprache wird heute *gendergerechte Sprache* genannt. (Ein synonymer Begriff lautet *genderneutrale Sprache*, bei dem Geschlechtsunabhängigkeit suggeriert wird, was aber kaum realisierbar ist.)

Möglichkeiten für gendergerechte Sprache:

- **Paarform (Vollform)**
- **Binnen-I**
- **Bruchstrich oder Klammerschreibung**
- **Fußnote**
- **Neutrale Form, Umschreibung**
- **Direkte Rede**
- **Substantiviertes Partizip**

Vergleichen Sie beim folgenden Satz die unterschiedlichen Möglichkeiten, gendergerecht zu formulieren:

Vorher: *Ein Techniker wird den Schaden beheben.*

Paarform (Vollform)

> *Eine Technikerin oder ein Techniker wird den Schaden beheben.*

Binnen-I:

> *Ein/e TechnikerIn wird den Schaden beheben.*

Bruchstrich oder Klammerschreibung

> *Ein/e Techniker/in wird den Schaden beheben.*

Der Bruchstrich ist allerdings typografisch unschön. Politically incorrect ist die Klammerschreibung, denn sie hebt die Unwahrscheinlichkeit einer weiblichen Person scheinbar noch stärker hervor:

> **Ein(e) Techniker(in) wird den Schaden beheben.*

Fußnote

> **Alle Aussagen im Text beziehen sich gleichermaßen auf Frauen wie auf Männer.*

Auch die Fußnote wird als politically incorrect angesehen.

Neutrale Form, Umschreibung

> *Unser Technikteam wird den Schaden beheben.*
> *Jemand aus der Technikabteilung wird den Schaden beheben.*
> *Der Schaden wird professionell behoben.*

Direkte Rede

Vorher: **Wir empfehlen unseren Kunden die elektronische Überweisung.*
Gendergerecht: *Nutzen Sie die elektronische Überweisung!*

Substantiviertes Partizip

Vorher: **Teilnehmer erhalten eine Bestätigung.*
Gendergerecht: *Teilnehmende erhalten eine Bestätigung.*

Studierende statt **Studenten*, *Mitarbeitende* statt **Mitarbeiter*, *Unterrichtende* statt **Lehrer*, *Teilnehmende* statt *Teilnehmer*.

Umschreibung und substantiviertes Partizip sind die eleganteste Methode, das Genderproblem zu meistern. Eine weitere Erleichterung setzt sich derzeit durch: Fälle, in denen nicht gegendert werden muss!

Nicht gendern, wenn die Funktion, aber nicht einzelne Personen gemeint sind:
Im Zweifelsfall jedoch gendern!

Juristen sind genau.
Bürgernähe statt Amtsdeutsch.
Anbieter von Waren und Dienstleistungen.
Franzosen lieben Käse.

Nicht gendern bei Komposita (zusammengesetzten Hauptwörtern):

Empfängerperspektive
Bürgerbefragung
Anwaltskanzlei
Arztpraxis
Kundendienst

Gendern ist aus Sicht der Gleichstellungspolitik sinnvoll und wirksam, gerade weil die umständliche Schreibweise als störend empfunden wird und provoziert. So wie die Gesellschaft auf die Sprache wirkt und jede gesellschaftliche Gruppe ihre eigene Sprache entwickelt (Corporate Code!), so wirkt Sprache wiederum auf die Gesellschaft zurück. Sprache formt im Gegenzug die Gesellschaft. Von der gendergerechten Schreibweise erwarten seine Verfechterinnen und Verfechter, dass, indem ständig Salz in die Wunde gestreut wird, (also mit sprachlichen Mitteln schmerzlich auf die Schlechterstellung der Frau in Beruf und Familie hingewiesen wird), sich langfristig eine echte Chancengleichheit von Frauen und Männern ergibt.

Nachlassendes Interesse an Hervorhebung der weiblichen Form.
Am Institut für Germanistik der Universität Wien untersuchte eine Proseminararbeit von Sylvia Garantini die Akzeptanz von geschlechtergerechter Sprache bei unterschiedlichen Generationen. Garantini formuliert unter anderem zwei Hypothesen: „Je jünger die Probandin bzw. der Proband ist, desto weniger bewertet sie oder er gendergerechte Sprache als zeitgemäß." Und: „Je jünger die Probandin bzw. der Proband ist, desto weniger bewerten sie gendergerechte Sprache als Maßnahme zur Gleichberechtigung." (Garantini 2014: S. 20 ff.). In ihrer Conclusio schreibt sie:

> „Verständlich und positiv ist aus meiner Sicht die Einstellung der jüngeren Generation, da sie von einer ganz anderen Selbstsicherheit der Frauen ausgeht und die Notwendigkeit der eigenen Nennung der weiblichen Form nicht mehr sieht. Dies ist begrüßenswert, da es bedeutet, dass die Frauen heute ihre Stellung in der Gesellschaft selbstverständlich gefestigt sehen und jetzt sogar noch mehr fordern. Das heißt, hier findet offenbar eine Entwicklung statt, da die Forderungen der 68er-Generation als nicht mehr zeitgemäß und erledigt betrachtet werden." (ebd.)

Kein Gendern bei Leichter Sprache

Das österreichische Bundesministerium für Soziales und Konsumentenschutz erklärt in Publikationen, die in Leichter Sprache verfasst sind:

> *Dieser Text ist nur in **männlicher Sprache** geschrieben.*
> *Zum Beispiel steht im Text nur das Wort Mitarbeiter.*
> *Das Wort Mitarbeiter**innen** steht nicht im Text.*
> *Mitarbeiter können aber auch Frauen sein.*
> ***Wir wollen mit dieser Sprache niemanden verletzen.***
> *Frauen sind uns genauso wichtig.*
> *Wir machen das so, damit man den Text besser lesen kann.*

Gender-Mainstreaming in der Korrespondenz

Man kann zur Frage der gendergerechten Sprache unterschiedlicher Ansicht sein. Aber Behörden, öffentliche Einrichtungen und zahlreiche Unternehmen haben sich verpflichtet, in ihrer Korrespondenz zu gendern. Wie konsequent diese Regeln angewendet werden, muss mit internen Genderrichtlinien definiert werden. Somit stellt gendergerechte Sprache bzw. deren Ablehnung einen wichtigen Corporate-Code-Marker dar (S. 181).

Übungen zu gendergerechter Sprache

Übung 1
Vorher: *Unsere Rechtsexperten teilen Ihnen dazu mit, dass ...*

Nachher?   ....

Übung 2
Vorher: *Ein Notar wird den Vertrag überprüfen.*

Nachher?   ....

Übung 3
Vorher: *Diese Wohnform ist vor allem unter Studenten beliebt.*

Nachher?   ....

Lösungen für die Übungen zum Gender-Mainstreaming in der Korrespondenz

Lösung 1

Vorher:	*Unsere Rechtsexperten teilen Ihnen dazu mit, dass ...
Nachher:	Unser Rechtsservice teilt Ihnen dazu mit, dass...
Besser:	Unser Rechtsservice rät Ihnen ...
Oder:	Unser Rechtsservice meint dazu, dass ...

Lösung 2

Vorher:	*Ein Notar wird den Vertrag überprüfen.
Nachher:	Eine Notarin oder ein Notar wird den Vertrag prüfen.
Oder:	Ein Notariat wird den Vertrag prüfen.

Lösung 3

Vorher:	*Diese Wohnform ist vor allem unter Studenten beliebt.
Nachher:	Diese Wohnform ist vor allem unter Studierenden beliebt.

4. Erkennbarkeit

In den beiden vorangegangenen Kapiteln haben wir uns ausführlich mit den beiden Voraussetzungen für Corporate Code beschäftigt: Verständlichkeit und Empfänger-orientierung. Nun wollen wir uns mit dem eigentlichen Kern von Corporate Code auseinandersetzen, der Erkennbarkeit von Unternehmen anhand ihrer Sprache. Der Philologe Hans-Martin Gauger schreibt:

> „Sprache ist immer die Sprache von jemandem. Sie ist nicht für sich selbst"
> (Gauger 1995: S. 10).

> „(...) man fügt sich in ein Vorgegebenes ein (den Sprachbesitz, die jeweilige Dis-
> kurstradition), tut das aber in sich ausfügender individualisierender (...) Weise"
> (ebd.: S. 213).

Die Erkennbarkeit eines Unternehmens an seinen Texten ist also eine Frage des Sprachstils. In diesem Kapitel verzichte ich auf Vorher-Nachher-Übungen, weil es in Stilfragen kein „richtig" oder „falsch" gibt. Ich möchte Sie für Sprachstilebenen sensibilisieren und Ihnen zeigen, wie Sie mittels Sprachstilkriterien und daraus abgeleiteten Markern einen unternehmenstypischen Sprachstil finden und praktisch umsetzen können.

Stil

Was bedeutet der Begriff Stil? Stil stammt vom lateinischen Wort *stilus* ab und bedeutete ursprünglich etwas Pflanzliches, nämlich den Stengel (heutige Schreibweise: Stängel). Das Wort hatte also eine landwirtschaftliche Bedeutung (vgl. Gauger 1995: S. 187). „Es gilt zum Beispiel auch für ‚Kultur', das zunächst ‚Anbau' bedeutete. Dann aber ergab sich aus ‚stilus' ein Bild, eine Metapher: Das Wort für den pflanzlichen Stengel wurde zur Bezeichnung des Griffels, der zum Schreiben diente" (ebd.: S. 187). Stil bezog sich also von Beginn an auf das Schreiben. Gauger spricht von der *Eigenprägung* als Eigenschaft von Stil: „Ist die Sprachäußerung spezifisch geprägt durch ihren ‚Produzenten'? Ist sie charakteristisch auffallend?" Danach verweist Gauger auf den

Unterschied zwischen *Individualstil* und *Gattungsstil* (vgl. ebd.: S. 209 ff.). So sprechen wir von *impressionistischem Stil* (Gattungsstil) oder vom *Stil eines Claude Monet* (Individualstil). Der Begriff *Stil* begegnet uns in vielen Zusammenhängen: Unter *Stilmöbel* versteht man heute produzierte Möbel, die vorgeben, aus einer vergangenen Stilepoche, z. B. aus dem Barock oder dem Biedermeier, zu stammen. Stil im weiteren Sinne meint die typische Art und Weise einer Tätigkeit, z. B. *Fahrstil* oder *Gesangstil* sowie typische Ausprägungen in der Gestaltung, z. B. *Schriftstil* oder *Baustil*. Mit der Äußerung „Er hat Stil" drücken wir aus, dass jemand über guten Geschmack verfügt und die Benimmregeln perfekt beherrscht. Der Anglizismus *Style* (als *stylisch* jugendsprachlich eingedeutscht) wird zumeist im Zusammenhang mit Mode verwendet. Der Begriff *Stilisierung* bedeutet Vereinfachung und Reduktion auf typische Merkmale. Stil bedeutet heute die charakteristische und unverwechselbare Erscheinungsform eines Menschen oder einer Epoche.

Nicole Sauer definiert Stil als „die spezifische, für einen Autoren oder eine bestimmte Textsorte typische Auswahl aus der Vielzahl der Möglichkeiten, die das System einer Sprache zur Verfügung stellt" (Sauer 2002: S. 56).

Kathrin Vogel definiert ihren Stilbegriff für die Unternehmenskommunikation:
> „Das stilistische Handeln von Unternehmen stellt relationale Bezüge her, aktiviert relationale Kontexte und wird gleichzeitig von diesen Kontexten determiniert. Es manifestiert sich auf verschiedenen sprachlichen und nicht sprachlichen Zeichenebenen. Ein unternehmensspezifischer kommunikativer Stil verleiht Unternehmenstexten mittels einer einheitlichen Gestalt zusätzliche Bedeutung, da er sie als Texte eines bestimmten Unternehmens auszeichnet, und verknüpft die Unternehmenstexte mittels unternehmensspezifischer (sprachlich-stilistischer, bildlicher und anderer) Bezüge" (Vogel 2011: S. 97).

Genrestilnormen

Nicht nur Unternehmen unterscheiden sich im Sprachstil, bereits einzelne Textsorten können einen für sie typischen Sprachstil aufweisen. Das muss beim Entwickeln eines Corporate Code berücksichtigt werden. Im Journalismus spricht man von Genrestilnormen. Dort werden Genres zumeist über den betreffenden Texten angeführt: *Nachricht, Kommentar, Bericht, Reportage, Interview* oder *Glosse*. Im Lehrbuch „Stilistik für Journalisten" wird der Vorteil von Genrestilnormen beschrieben:
> „Genrestilnormen sind für eine optimale Kommunikation nützlich und notwendig. (...) Normen gedanklich-sprachlicher Gestaltung bilden im Rezipienten

Abb. 4.1: Textsorten und Genrestilnormen in der geschriebenen Unternehmens-sprache

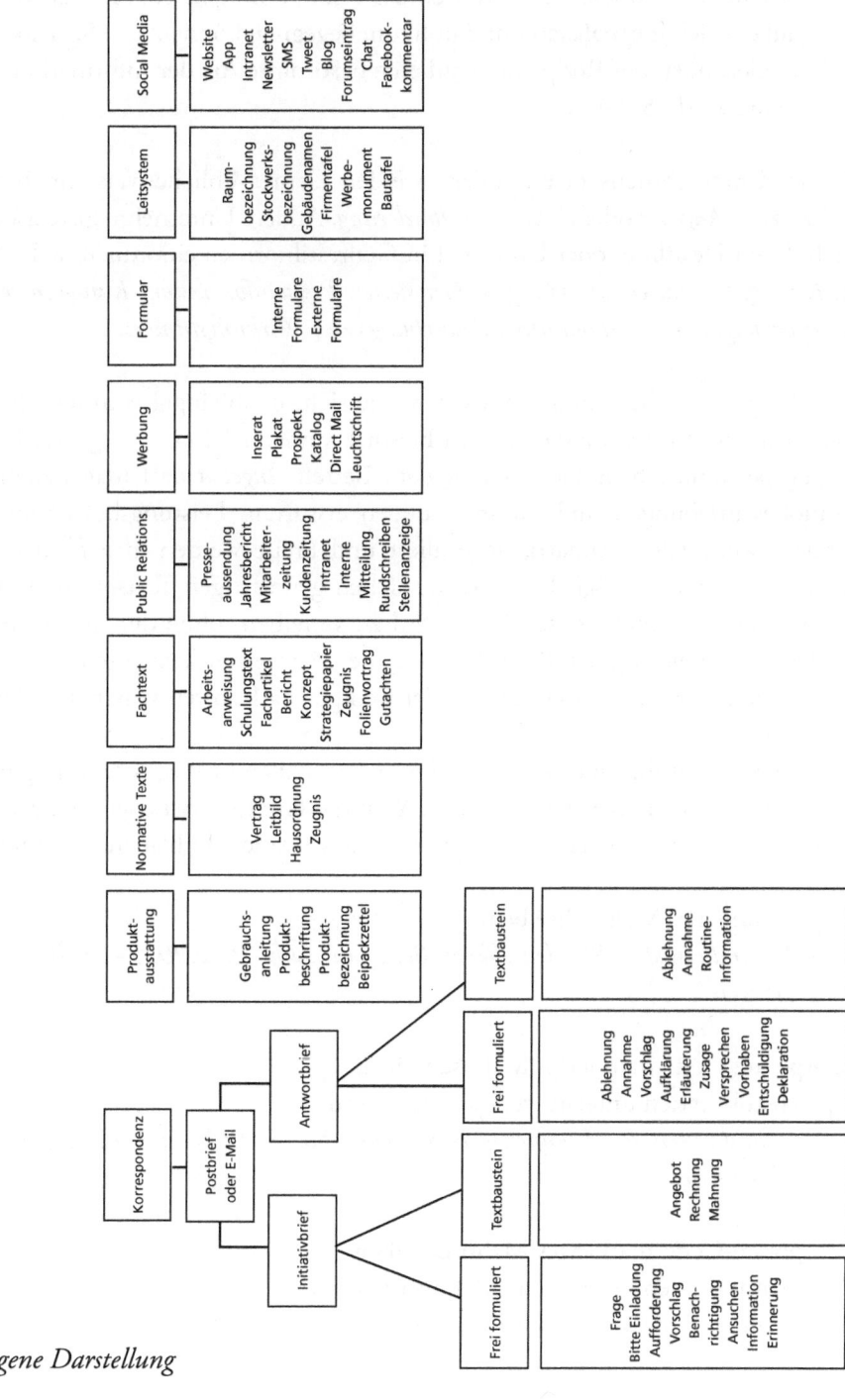

Quelle: Eigene Darstellung

bestimmte Aufnahmegewohnheiten heraus und lösen bestimmte Erwartungen aus, die ein schnelles (...) Erfassen des Textes ermöglichen. Sie dienen als Brücke, auf der sich Journalisten und Publikum begegnen können. (...) Sie lenken die Aufmerksamkeit des Rezipienten auf eine bestimmte Art der Information" (Kurz 2010: S. 141).

In der Unternehmenskorrespondenz werden Genres üblicherweise im Betreff angeführt, z. B. *Angebot* oder *Zahlungsaufforderung*. Andere Unternehmenstextsorten lassen sich durch Headlines oder Untertitel in Genrestilnormen einordnen, z. B. *Gebrauchsanleitung, Garantiebestimmungen, Newsletter, Presseinformation, Kundenmagazin, Mitarbeitermagazin, Urlaubsantrag, Bewerbung* oder *Wirkungshinweise*.

Es gibt also bestimmte Textsorten, die sich, unabhängig vom jeweiligen Unternehmensstil, stilistisch ähneln. Zum Beispiel werden Mahnungen generell knapp und wenig persönlich formuliert. Unter dem Betreff *Angebot* darf man detaillierte Leistungsbeschreibungen und Preisnennungen erwarten. Leistungsbeschreibungen sind üblicherweise telegrammartig formuliert und Preise werden in Ziffern geschrieben. Corporate Code ermöglicht es, auch solchen genreartigen Textsorten (zumeist Textbausteinen) unternehmenstypischen Stil zu verleihen, ohne die Genrestilnormen zu verletzen. Abbildung 4.1 (S. 139) zeigt die wichtigsten Textsorten eines Unternehmens. Sie unterliegen jeweils mehr oder weniger stark sortentypischen Stilnormen.

Die Genrestilnormen einzelner Textsorten stehen in Wechselwirkung mit der unternehmenstypischen Sprachstilebene. Weil die Grenzen zwischen den Sprachstilebenen fließend sind, verzichtet Corporate Code auf eine schubladenhafte Einteilung.

Herkömmliches Mahnschreiben:
   ... und ersuchen Sie, den offenen Betrag bis zum 12.02.2015 zur Überweisung zu bringen.

Corporate-Code-markiertes Mahnschreiben,
Sprachstilkriterien unterstützend, motivierend:
   ... und bitten Sie, den offenen Betrag von 350,- EUR bis zum 12.02.2015 zu überweisen.

Corporate-Code-markiertes Mahnschreiben,
Sprachstilkriterien jugendlich, erlebnisorientiert:
   ... Bitte überweise uns die 350 Euro bis zum 12.02.2015.

Sprachstilebenen

Bereits im vorangegangenen Kapitel habe ich im Rahmen der Empfängerorientierung die unterschiedlichen Beziehungsniveaus zwischen Textproduzenten und Rezipienten beschrieben. Die persönlichen Beziehungen der Korrespondierenden untereinander beeinflussen den unternehmenstypischen Sprachstil. Um individuelle Nuancen im Rahmen eines Corporate Code zu ermöglichen, wird ein beschränktes Set von *Sprachstilebenen* angeboten. Die zulässigen Sprachstilebenen liegen nahe beieinander und bilden die Basistonalität des Corporate Codes.

Die meisten Sprachratgeber unterteilen Sprachstil in einige wenige Sprachstilebenen. Försters Konzept des Corporate Wording® bietet vier Stilebenen, *Farbtypologien* genannt (S. 96).

Auch das „Handbuch Werbekommunikation", herausgegeben von Nina Janich, bietet für die Analyse von Werbetexten eine vierstufige Differenzierung der Sprachstilebenen *(Register)*:
- **Distanzierte Förmlichkeit**
- **Soziale Nähe**
    unterteilt in: freundlicher Stil, familiärer Stil, lässiger Stil, scherzhaft-lässiger Stil
- **Neutraler Stil**
- **Mischen von Registern**
(vgl. Hoffmann, Michael in: Janich, Handbuch der Werbekommunikation 2012: S. 179–194, hier: S. 189)

Im Lehrbuch „Stilistik für Journalisten" wird zwischen fünf *Sprachstilschichten* unterschieden:
- **„Gehoben**
    (z. T. poetisch, manchmal gespreizt) – sich vermählen, sich verehelichen, die Ehe eingehen (...)
- **Einfach-literarisch**
    (standardspezifische Norm) – heiraten, sich verheiraten
- **Umgangssprachlich**
    unter die Haube kommen, sich eine Frau (einen Mann) nehmen
- **Salopp-umgangssprachlich**
    sich kriegen
- **Grob-umgangssprachlich**
    einen (Mann) abkriegen" (Kurz 2010: S. 30)

Die Bandbreite innerhalb der einzelnen Kategorien ist hier recht groß. So reicht sie in der Kategorie *gehoben* von *poetisch* bis *gespreizt*. Abgesehen von der zu weiten Amplitude, käme aus dieser Auswahl nur die Stilschicht *einfach-literarisch* für Unternehmenstexte infrage. Das scheint zu kurz gegriffen.

Die folgende Aussage habe ich in acht möglichen Sprachstilebenen formuliert:

Vertraut:
> *Lieber Martin,*
> *hier sind Deine Unterlagen.*

Freundschaftlich:
> *Hallo Martin,*
> *hier erhältst Du die Unterlagen, um die Du mich gebeten hast.*

Freundlich:
> *Hallo Martin,*
> *hier sind die Unterlagen, um die Sie mich gebeten haben.*

Sachlich:
> *Hallo Herr Dunkl,*
> *vielen Dank für Ihre Anfrage. Hier erhalten Sie die Unterlagen.*

Förmlich:
> *Sehr geehrter Herr Mag. Dunkl,*
> *vielen Dank für Ihre Anfrage. In der Anlage erhalten Sie die gewünschten Unterlagen.*

Bürokratisch:
> *Sehr geehrter Herr Mag. Dunkl,*
> *bezug nehmend auf Ihre Anfrage schicke ich Ihnen die gewünschten Unterlagen in der Anlage.*

Überheblich:
> *Sehr geehrter Herr Magister,*
> *wir erlauben uns, die angeforderten Unterlagen mit diesem Schreiben zu überreichen.*

Autoritär:
> *Sehr geehrter Herr,*
> *finden Sie hier die gewünschten Unterlagen.*

In den meisten Unternehmen werden vermutlich Stilebenen zwischen *freundlich* und *förmlich* gewählt werden. Die Wahl der Stilebene hängt von regionalen, kulturellen und sozialen Konventionen ab. Je größer Organisationen sind, desto weniger kann deren Corporate Code regionale Konventionen berücksichtigen, es sei denn, man will eine spezifische geografische Herkunft signalisieren. Aber auch die persönlichen Beziehungen zu den jeweiligen Korrespondenzpartnern erfordern eine breiter gefächerte Nuancierung der Stilebenen: Kennt man sein Gegenüber seit langer Zeit? Trifft man sich auch privat? Es ist zulässig, dass jeder Textproduzent weitere Feinabstufungen im Rahmen der festgelegten Sprachstilebenen findet. Auch um unterschiedliche Stakeholder berücksichtigen zu können, ist die Einschränkung auf eine einzige Sprachstilebene ein zu enges Korsett. Die jeweiligen Rollen der Korrespondenzpartner beeinflussen die Sprachstilebene: z. B. Kunde, Lieferant, Vorgesetzter, Journalist, Behördenvertreter, Beschwerdeführer oder Stellenbewerber.

Sprachstilkriterien

Corporate Code ist kein starres Gesetzeswerk, sondern respektiert die unterschiedlichen Anforderungen von Genrestilnormen und individuellen Sprachstilebenen. Wie findet man nun den richtigen Ton? Dazu bedarf es Rahmenrichtlinien. Wir nennen sie *Sprachstilkriterien*.

Sprachstilkriterien sind Mittler zwischen Theorie und Praxis, zwischen Strategie und Umsetzung. Sie sind die Brücke zwischen Leitbild und Sprachstil. Die Ziele, Werte und Visionen eines Unternehmens sind in den Leitsätzen eines Unternehmensleitbilds (auch: *Corporate Mission, Mission Statement, Vision*) festgehalten. Auch Branding benötigt Leitsätze, die Markenkern und Identitätseigenschaften des Unternehmens (Brand Attributes) beschreiben. Sie sind der Ausgangspunkt für Sprachstilregeln.

Inga Ellen Kastens nennt für die Markenidentitätseigenschaften sechs identitätsstiftende Komponenten eines Leitbilds:

- Herkunft/geografische Verankerung
- Geschichte
- Typischer Verwender
- Zeitpunkt des Markteintritts
- Kulturelle Verankerung
- Preisstellung
(vgl. Kastens 2008: S. 123 ff.)

Um Sprachstilkriterien zu definieren, finden Sie im Unternehmensleitbild die Leitsätze, welche die aussagekräftigste identitätsstiftende Wirkung haben. Danach übersetzen Sie diese Aussagen in Sprachstilkriterien. Die Sprachstilkriterien müssen Sie klar formulieren, damit Sie daraus in einem nächsten Schritt die passenden Corporate-Code-Marker schlüssig ableiten können. Ich habe in einem anderen Kontext einen ähnlichen Prozess vorgestellt, nämlich, wie man aus dem Leitbild heraus Entwurfskriterien für ein passendes Corporate Design ableitet (vgl. Dunkl 2011: S. 48).

Sollte jedoch in einem Unternehmen kein Leitbild vorliegen, existieren möglicherweise andere normative Texte im Unternehmen, die als Quelle für Sprachstilkriterien fungieren können. Dafür geeignet sind z. B. Markenpositionierung, Führungsrichtlinien, Positionspapiere, Strategiepapiere oder Unterlagen des Change Managements und der Organisationsentwicklung. Auch die Interpretation von Marktforschungsergebnissen kann als Grundlage für Sprachstilkriterien dienen. Für die Definition von unternehmenstypischen Sprachstilkriterien ist die genaue Kenntnis der Markenwerte unerlässlich! Wenn zuvor keine CI-Arbeit im Unternehmen stattgefunden hat, muss sie nachgeholt werden.

Ableitung von Sprachstilkriterien aus dem Leitbild

Beispiel für Leitsätze	*> Sprachstilkriterien*
„Wir betrachten unsere Lieferanten als Partner."	*> auf Augenhöhe, partnerschaftlich*
„Wir wollen unseren Vorsprung in Technik und Innovation weiter ausbauen."	*> innovativ*
„Unsere Kunden sind Familien mit Kindern."	*> familienfreundlich*
„Wir übernehmen Verantwortung für Mensch und Maschine."	*> verantwortungsvoll*
„We are connected."	*> Adressaten einbinden*
„We keep our partners supported."	*> erklärend, unterstützend*

Im Corporate-Code-Prozess müssen zuerst die Sprachstilkriterien festgelegt werden. Im Anschluss daran können darauf aufbauend die Sprachstilebenen und die Corporate-Code-Marker definiert werden.

So viele Unternehmen es gibt, so viele unternehmenstypische Stilnuancen kann es geben. Mehr noch, diese Nuancen werden durch individuelle Textproduzenten weiter ausgeprägt.

> „Während also grundsätzlich die Einheitlichkeit der Kommunikation eines Unternehmens erstrebenswert und durch entsprechende Regelungen in entscheiden den Grundzügen zu sichern ist, muss dieser ‚Unternehmensstil' auf der anderen Seite flexibel sein für die unterschiedlichen Anforderungen innerhalb verschiedener Kommunikationssituationen" (Sauer 2002: S. 71).

Es genügt also nicht, vier oder fünf Stilebenen zu definieren, aus denen der zum Unternehmen passende Stil ausgewählt werden kann. Es bedarf eines umfangreichen Repertoires an Faktoren, die einen unternehmenstypischen Sprachstil steuern. Solche Stilfaktoren bestimmen die Erkennungsmerkmale eines spezifischen Corporate Code. Wir nennen sie *Corporate-Code-Marker*. Corporate-Code-Marker sind ein fein justierbares Instrumentarium zum Produzieren von unternehmenstypischem Sprachstil.

Die Corporate-Code-Marker

Bereits eine bestimmte Sprachstilebene hilft zu unterscheiden, ob es sich beim Absender z. B. um einen Finanzdienstleister, ein Non-Profit-Unternehmen oder einen Webshop handelt. Um ein ganz konkretes Unternehmen erkennbar zu machen, reichen diese Werkzeuge jedoch noch nicht aus. Welche Faktoren sind nun verantwortlich für den individuellen und unverwechselbaren Sprachstil eines spezifischen Unternehmens? Es sind die *Corporate-Code-Marker*. Anknüpfend an die Assoziation zum genetischen Code, der im Zellkern jedes Lebewesens gespeichert ist, kann man sagen, dass der Corporate Code im Markenkern eines Unternehmens gespeichert ist und aus einzelnen Genen besteht. Diese Gene tragen Informationen, wie sich die Sprache des Unternehmens ausformen soll. Corporate-Code-Marker sind, so wie Gene, die kleinsten Einheiten des Corporate Codes. Sie markieren einen Text als für ein Unternehmen typisch.

Corporate-Code-Marker steuern also die spezifischen Erkennungsmerkmale eines Corporate Codes. Sie sind die Steuerimpulse für einen unternehmenstypischen Sprachstil. Ein Corporate-Code-Marker kann beispielsweise vorgeben, ob Adressaten geduzt oder gesiezt werden. Ein anderer Marker wiederum ist dafür verantwortlich, ob explizit Fachausdrücke eingesetzt werden sollen oder umgangssprachliche Synonyme.

Der Corporate Code eines Unternehmens wird von vielen unterschiedlichen Markern gesteuert. Ihre vereinte Wirkung macht einen Text als von einem bestimmten Unternehmen stammend erkennbar. Unternehmenstexte können mehr oder weniger stark unternehmenstypisch markiert sein, wir sprechen dann von einem hohen oder niedrigen Corporate-Code-Faktor.

Corporate-Code-Marker werden aus den Sprachstilkriterien abgeleitet, welche zuvor aus den Leitsätzen (Brand Attitudes) des Leitbilds abgeleitet wurden.

Beispiele für die Ableitung von Corporate-Code-Markern aus Sprachstilkriterien:

Sprachstilkriterium	*> Corporate-Code-Marker (CCM)*
Auf Augenhöhe, partnerschaftlich	> CCM Begrüßungsformel, z. B.: *Hallo Herr ...*
Innovativ	> CCM Bezeichnung von Werkzeugen und Prozessen (Fachjargon), z. B.: *Sie können Ihren Access Code direkt downloaden.*
Familienfreundlich	> CCM Fahnenwörter, z. B.: *Kinder, gemeinsam, zu Hause*
Verantwortungsvoll	> CCM Wortfeld Verantwortung, z. B.: *Pflicht, verpflichten, Gewissen, Versprechen, Treue, treu, verbunden, Bindung, Verlässlichkeit, verlässlich, zuverlässig, Sorgfalt, sorgfältig, sorgsam, Achtsamkeit, achtsam etc.*
Adressaten einbinden	> CCM Bezeichnungen für Adressaten, z.B.: *Kenner, Connaisseur, Genießer, Partner, Profi*
Erklärend, unterstützend	> CCM Bezeichnungen für Prozesse und Werkzeuge, z. B.: *Fachbegriffe in Klammern oder Fußnoten erklären*

Abb. 4.2: Von den Leitsätzen zu den Corporate-Code-Markern

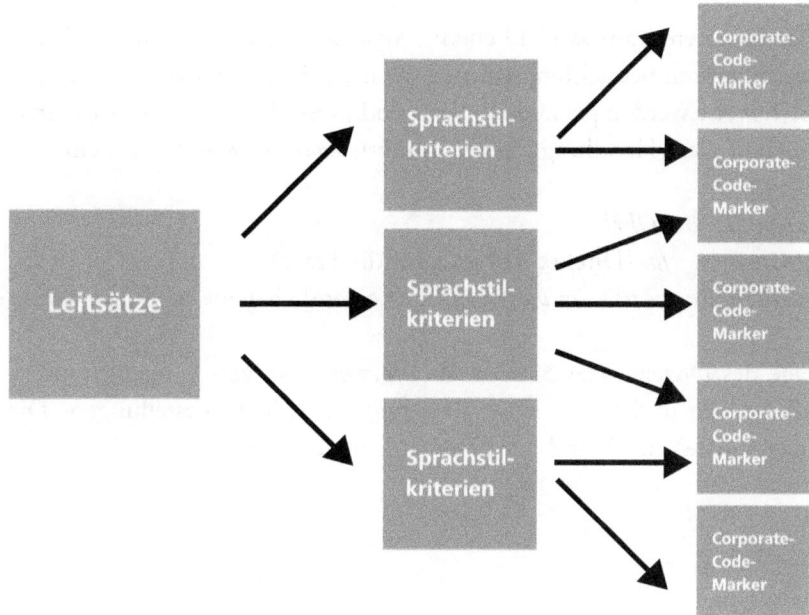

Quelle: Eigene Darstellung

Die einzelnen Corporate-Code-Marker regeln die sprachlichen Muster, die ein Unternehmen anhand seiner Sprache erkennbar machen. Manche Marker bestehen aus strengen Vorgaben und manche bieten Optionen, zwischen denen Textproduzenten wählen können. Höchste Relevanz, um ein Unternehmen durch sprachliche Mittel identifizierbar zu machen, hat selbstverständlich der Firmenname, gleich gefolgt von Claim und Slogan. Geringe Relevanz für die Unternehmensidentität dürfte die Interpunktion haben (obwohl häufiges Setzen von Frage- und Ausrufungszeichen eine Art geschriebene Mündlichkeit darstellt und in diesem Fall einen hohen Corporate-Code-Faktor bewirkt).

Corporate-Code-Marker, nach ihren sprachlichen Funktionen gereiht

Für die Definition der Corporate-Code-Marker greife ich auf linguistische Kriterien zurück, die ursprünglich zur Analyse von Sprache geschaffen worden sind. Die Analysemethoden werden als Instrumente zum Generieren von Corporate-Code-Markern herangezogen. Ich werde sie im Folgenden kurz vorstellen. Zu berücksichtigen ist, dass sich diese linguistischen Funktionen nicht immer klar abgrenzen lassen.

Pragmatik

Wir kommunizieren auf zwei Ebenen: semantisch und pragmatisch. Wenn wir die Sprache semantisch betrachten, nehmen wir die Bedeutung wörtlich. In der pragmatischen Sichtweise werden persönlicher Stil und persönliche Motive eingesetzt. Pragmatik beleuchtet diese Handlungsebene, also, was *zwischen den Zeilen* steht.

> *Haben Sie eine Uhr?*
> Semantisch: *Ja.* (Direkte Antwort auf die Frage)
> Pragmatisch: *Es ist zehn vor zwölf.* (Die eigentlich gemeinte Frage wurde erkannt)

Die Frage des Duzens oder Siezens, die Verwendung von Umgangssprache und die passende Anrede und Grußformel sind pragmatische Fragestellungen. Die meisten Corporate-Code-Marker sind der Pragmatik zuzuordnen.

Varietäten

Die Soziolinguistik hat erkannt, dass es nicht nur die Alternative zwischen sogenannter Hochsprache und Umgangssprache gibt, sondern auch die Wahl unter sogenannten Varietäten, den vielen Subsprachen des Deutschen. Nina Janich systematisiert die Varietäten:
  – Situolekte: nach Interaktionstyp bzw. der Art der Kommunikationssituation
  – Sexlekte: nach Geschlecht der Sprecher
  – Alterssprachen: nach Alter der Sprecher
  – Soziolekte: nach Sprechergruppen
  – Dialekte: nach regionaler Reichweite
  – Funktiolekte: nach der kommunikativen Funktion
  – Mediolekte: nach dem vermittelnden Medium wie Zeitung, Fernsehen o. Ä.
  (vgl. Janich 2013: S. 215)
  „Dabei sind vielfältige Überschneidungen möglich; zudem kann jeder ,Lekt'
  zumindest theoretisch gesprochen und/oder geschrieben vorkommen" (ebd.).

Unternehmen können Varietäten als Corporate-Code-Marker einsetzen. Alle Codes, über die ein Textproduzent verfügt, werden *Repertoire* genannt. Unter *Register* versteht man den Ausschnitt aus einem Repertoire. *Code-Switching* ist der Wechsel zwischen zwei Varietäten innerhalb eines Textes. Code-Switching bleibt im Rahmen von Corporate Code üblicherweise den Werbetextern als spezielles Stilmerkmal vorbehalten. Bei den übrigen Unternehmenstextsorten erfordert die Wiedererkennbarkeit einen eher engen Stilkorridor.

Intertextualität

Texte werden nicht jedes Mal neu erfunden. Wir greifen zurück auf früher Gehörtes und Gelesenes, mal zitieren wir wörtlich, mal verändern wir bekannte Muster. Rezipienten haben ihren bestimmten Erfahrungs- und Wortschatz, mit dem Textproduzierende spielen können. In der Werbesprache wird Intertextualität gerne eingesetzt, indem man für Headlines, Slogans und Claims bekannte Phrasen abwandelt. Auch Genrestilnormen greifen auf diesen Erfahrungs- und Wortschatz zurück.

„Intertextualität ist eine konkret belegbare Eigenschaft von einzelnen Texten und liegt dann vor, wenn vom Autor bewusst und mit einer bestimmten Absicht auf andere, vorliegende einzelne Texte (...) durch Anspielung oder Zitat Bezug genommen wird, und zwar unabhängig davon, ob er diese Bezüge ausdrücklich markiert und kenntlich macht oder nicht. Den Bezug nehmenden Text nennen wir ‚Phänotext'; der Text, auf den Bezug genommen wird, heißt ‚Referenztext'" (ebd.: S. 232).

Solche Phänotexte können unverändert zitiert werden oder sie werden abgewandelt:

Phänotext: *Manche mögen's heiß*
                 (Headline für die Tabakmarke Schwarzer Krauser No. 1)
Referenztext: *Manche mögen's heiß*
                 (Deutscher Titel des Marylin-Monroe-Films „Some like it hot")

Phänotext: *Entdeck' die Leichtigkeit des Seins*
                 (Headline für ein Getränk namens Fit for Fun)
Referenztext: *Die unerträgliche Leichtigkeit des Seins*
                 (Romantitel von Milan Kundera) (vgl. ebd.: S. 232)

Bei Antwortbriefen wird durch den Betreff explizit Intertextualität hergestellt. Die Betreffzeile enthält einen Phänotext (z. B. „Betreff: Ihre Anfrage nach Reisezielen in Südostasien"). Sein Referenztext ist der zuvor stattgefundene Kommunikationsakt („Betreff: Anfrage nach Reisezielen in Südostasien").

Morphologie

Die Morphologie betrachtet die innere Struktur von Wörtern. Die Bausteine der Wörter sind die Morpheme, die eigene Bedeutung tragen. Für Corporate Code ist die Wortbildung von größtem Interesse, denn zahlreiche Wörter der Unternehmenssprache sind Neuschöpfungen, von denen manche als Neologismen in die Standardsprache eingehen können, z. B. die Derivate *googeln* und *xerokopieren* oder Komposita wie *schmeichelweich* und *ADAC-Schutzbrief*. Die Linguistik unterscheidet Neologismen und Okkasionalismen.

> „Das heißt, dass Neologismen zwar noch einen Neuigkeitswert haben und in der Regel noch nicht im Lexikon (...) zu finden sind, aber doch schon einen gewissen Bekanntheitsgrad erreicht haben (...). Im Unterschied dazu gibt es die sogenannten Augenblicksbildungen (auch Ad-Hoc-Bildungen oder Okkasionalismen), die erstmalig oder auch einmalig in einem Text auftauchen und bei denen noch nicht abzusehen ist, ob sie sich durchsetzen (...)" (ebd.: S. 153).

Wortschöpfungsarten

Die Linguistik untersucht, auf welche Weise neue Wörter (Neologismen) gebildet werden können. Sie unterscheidet zwischen:

A)   Schöpfungen ohne sprachliches Ausgangsmaterial:
freie Fantasieschöpfungen *(Kodak)* oder lautsymbolische Bildungen *(Maoam)*
B)   Schöpfungen mit sprachlichem Ausgangsmaterial:
aus fertigen sprachlichen Einheiten *(Vileda < Wie Leder)* oder
Vereinigung verschiedener Ausgangselemente *(Sil < Persil)*
(vgl. Zilg, Antje, in: „Werbekommunikation namenkundlich". In Janich: „Handbuch Werbekommunikation" 2012, S. 49–63, hier: S. 57 f.)

Die einzelnen Corporate-Code-Marker (CCM)

Hier stelle ich Ihnen 26 Corporate-Code-Marker (CCM) vor. Der stärkste Corporate-Code-Marker ist der Firmenname selbst und seine Umschreibungen. Minimale Auswirkung auf den Corporate Code hat hingegen die Interpunktion.

CCM 1   Firmenname
CCM 2   Umschreibungen des Firmennamens
CCM 3   Bezeichnungen für das Personal
CCM 4   E-Mail-Signatur

CCM 5 Claim
CCM 6 Slogan
CCM 7 Fachsprache
CCM 8 Jugendslang
CCM 9 Umgangssprache und geschriebene Mündlichkeit
CCM 10 Dialekt
CCM 11 Bezeichnungen für Produkte oder Dienstleistungen
CCM 12 Bezeichnungen für Prozesse und Werkzeuge
CCM 13 Bekenntnisse und Glaubenssätze
CCM 14 Leistungsversprechen
CCM 15 Fahnenwörter
CCM 16 Wortfelder
CCM 17 Hochwertwörter
CCM 18 Negative Begriffe
CCM 19 Begrüßungsformel
CCM 20 Bezeichnungen für Adressaten
CCM 21 Verabschiedungsformel
CCM 22 Postskriptum
CCM 23 Siezen/Duzen
CCM 24 Wir/ich/man
CCM 25 Gendern
CCM 26 Typografie und Layout
CCM 27 Interpunktion

Bevor ich im Folgenden die einzelnen Corporate-Code-Marker vorstelle, möchte ich darauf hinweisen, dass aus dem reichen Portfolio an Erkennungsmerkmalen keinesfalls alle Marker gleichzeitig einsetzbar sind.

„Es ist also nicht die völlige Übereinstimmung aller sprachlichen Merkmale anzustreben, sondern vielmehr die einheitliche Verwendung weniger charakteristischer Merkmale" (Vogel 2012: S. 117).

Die Folge wäre ansonsten ein schwer erträglicher, schreierischer Reklametext! Man stelle sich vor, einen Brief zu erhalten, in dem der Corporate-Code-Marker *Firmennamen* (CCM 1) maximal eingesetzt worden ist:

Liebe Easy Buyerin, lieber Easy Buyer,
vielen Dank für Ihre Bestellung im Easy Buy Webshop. Sie erhalten Ihren Artikel innerhalb von zehn Tagen ganz easy mit der Post. Wir wünschen Ihnen viel Freude mit Ihrem Easy Buy Artikel. Wenn Sie Fragen zu Ihrer Bestellung haben oder weitere In-

formationen benötigen, rufen Sie einfach die Easy Buy Helpline an: 123 456 78.
Easy Greetings aus der Easy Buy Zentrale ...

Jeder Textproduzent muss prüfen, welche Corporate-Code-Marker er für eine konkrete Textsorte bevorzugt und wie er sie gewichtet.

CCM 1   Firmenname

So wie das Logo im Corporate Design maximale Wiedererkennung eines Unternehmens bietet, leistet dies im Corporate Code der Firmenname selbst. Er wird am Telefon als Erstes genannt und ist so gut wie immer typografischer Bestandteil des Firmenlogos. (Ausnahmen sind z. B. die Logos von *Nike* und *Apple*, die so hohe Bekanntheit genießen, dass sie auch ohne Schriftzug erkannt werden.)

Verstärkende Kennzeichnungswirkung kann noch der gesprochene oder gesungene Firmenname sein. Ein Beispiel ist „Ricola – das Schweizer Kräuterbonbon", dessen Name in der TV- und Hörfunkwerbung auf Schwyzerdütsch betont wird. Die österreichische Firma *Ikera-Fliesen* ließ in Hörfunkspots den Buchstaben *r* vom beliebten Kabarettisten Kurt Weinzierl besonders laut und lange betonen *(Ikerrrrrra!)*. So erfüllte *Ikera* die gerichtlich erzwungene Auflage, sich vom ähnlich klingenden Markennamen *Ikea* zu unterscheiden, auf sehr kreative Weise und erzielte höchste Wiedererkennungswerte.

Firmennamen haben großen kaufmännischen Wert. Sie können bei nationalen Patentämtern und internationalen Organisationen vor Missbrauch und Nachahmung geschützt werden. Beim Österreichischen Patentamt wurden beispielsweise im Jahr 2013 6.207 nationale Marken neu angemeldet. Insgesamt sind bis Ende 2013 beim Österreichischen Patentamt 108.735 Marken geschützt. Ein Firmenname wird als *Wortmarke* geschützt. Bei einer Wortmarke ist alleine der Wortlaut geschützt, unabhängig von seiner grafischen Gestaltung. Nach einer inoffiziellen Schätzung des Österreichischen Patentamts beträgt der Anteil von Wortmarken ca. 35 %. (Der Anteil an Wortbildmarken beträgt 55 %, der Anteil an anderen Marken, wie beispielsweise körperliche Marken, Bild- und Farbmarken, liegt unter 10 %.)

Die Geschichte der Firmennamen beginnt mit der industriellen Revolution im 19. Jahrhundert. Davor war eine Markenbezeichnung nicht erforderlich, denn lokale Handwerker mit Konkurrenzschutz produzierten nur in ihren Orten und waren dort jedermann bekannt. Danach entstanden Firmennamen aus den Namen der Gründer *(Bosch)* oder des Firmenstandorts *(Nürnberger Versicherung)*. Schon bald folgten die ersten künstlich geschaffenen Firmennamen. Diese Firmennamen nahmen Anleihe an der Mythologie oder man verwendete griechische und lateinische Wörter *(Minerva)*. Als nächste Namensstrategie kamen Abkürzungen in Mode, deren Herkunftswörter zwar Sinn ergaben, aber als Akronym keinen besonderen Klang hatten *(AEG)*. Mittlerweile gibt es eine Vielzahl an Möglichkeiten zur Kreation von Firmennamen. Auch die Entscheidung, ob deutsche oder fremdsprachliche Namensbestandteile gewählt werden, geht aus den Sprachstilkriterien hervor und ist ein Corporate-Code-Marker. Die Strategie bei der Entwicklung eines Firmennamens hat größte Bedeutung für das Firmenimage.

Strategien für Firmennamen

Grundsätzlich lassen sich Firmennamen in zwei Hauptgruppen aufteilen: Eigennamen oder Appellative. Eigennamen stammen meist von natürlichen Personen ab, z. B. *Bosch*. Sie können aber auch von geografischen Bezeichnungen abstammen (Toponyme). Appellative sind beschreibende Namen, z. B. *WC-Ente*. Die Grenzen dazwischen sind jedoch fließend: Die österreichische Supermarktkette *Billa* (ein Appellativ, gebildet aus den ersten Silben von *Billiger Laden*) verkauft ihre Fleisch- und Wurstwaren unter dem Markennamen *Hofstätter*. Dies ist jedoch kein echter Eigenname, sondern wurde von einer Werbeagentur künstlich erschaffen. Gespielt wird hier mit den Assoziationen *Hof* und *Stätte*. Auch reine Kunstnamen (Neologismen) kann man zu den Appellativen zählen.

Sprachstilkriterien	*> Namensstrategie*	*Beispiel*
Persönlich, vertrauenswürdig, verantwortungsbewusst	> Eigentümername	*Peek & Cloppenburg, Daimler, Manner, Chanel*
Vertrauenswürdig, beständig, regional	> Herkunftsname	*Wopfinger, Farbwerke Hoechst, Veitscher Magnesitwerke*
Magisch, bedeutend	> Mythologischer Name	*Merkur, Nike, Aurora*
Groß, wichtig, unpersönlich, international	> Akronym aus Initialen	*AT&T, IBM, DB, ÖBB, BMW*

Kreativ, innovativ, dynamisch, flexibel	> Akronym aus Silben	*Nirosta, Unicredit, Haribo, Microsoft, Novartis, Billa*
Unverwechselbar, klar, hilfreich	> Beschreibender Name	*Lufthansa, Volkswagen, Club Magic Life, Facebook, car4you, TaxAid, Nimm2*
Fantasievoll, kreativ	> Symbolischer Name	*Apple, Red Bull, Sonnentor, Firefox, Twitter*
Sicher, verlässlich	> Symbolischer Name	*Anker, Securitas*
Auffällig, sympathisch	> Fantasiewort	*Google, Kodak, Ping*

Schreibweise des Firmennamens im Logo

Zu Beginn dieses Kapitels habe ich verschiedene Stildefinitionen vorgestellt, die eines zeigen: Stil bedeutet, sich zu unterscheiden von dem, was als Norm angesehen wird. So ist es nicht verwunderlich, dass im Corporate Code Abweichungen von Rechtschreibkonventionen besonders wirksam sind. Es ist übrigens erstaunlich, wie wenige Unternehmen klare Regeln für die Schreibweise ihres Firmennamens bestimmt haben. Dabei bieten Marker, welche die Schreibweise von Firmennamen regeln, höchsten Corporate-Code-Faktor!

Apostroph

Bei persönlichen Vornamen, die im Genetiv verwendet werden, hat sich der Apostroph stark verbreitet: *Rudi's Kneipe* statt normgerecht *Rudis Kneipe*. Ursache dürfte die englische Genetivschreibung sein, z. B. bei *Harry's Bar*. Beim weiblichen Vornamen *Hanne* ist die Schreibweise *Hanne's Taverne* sinnvoll, denn bei *Hannes Taverne* könnte man glauben, es handle sich um die Taverne von Hannes. Auch ein Carlo Müller ist mit *Carlo's Zigarren* gut bedient, wenn es sich um den Vornamen handelt und nicht um den Familiennamen *Carlos*. Der Apostroph setzt seinen Siegeszug in der Werbesprache fort:

> „So scheint sich gerade in Werbetexten ein über den Namensbereich hinausgehender Apostrophgebrauch auszubreiten, der fragen lässt, inwieweit nicht bereits die apostrophlose (also kodifizierungsgerechte) Schreibung als Normabweichung zu gelten hat (man vergleiche etwa den Apostroph bei Flexformen von Akrony-

men wie CD's oder DVD's" (Ewald, Petra, in: Janich, „Handbuch Werbekommunikation" 2012: S. 3–15, hier: S. 5).

Im Englischen ist der Genetiv-Apostroph hingegen normgerecht. Der Apostroph als Weglassungszeichen ist auch im Deutschen normgerecht und bei englischen Firmennamen sehr beliebt *(Rock'n Roll)*.

Apostrophe in Firmennamen
  Beck's Bier   (deutsch, normwidriger Genetiv)
  Mac Donald's (englisch, normgerechter Genetiv)
  Kauf' mich   (deutsch, normgerechte Weglassung)
  Nice'n Easy   (englisch, normgerechte Weglassung)

Binnenmajuskel
Die Binnenmajuskel setzt sich bei Firmennamen erfolgreich durch, weil sie nicht nur in der Logografik, sondern auch in einem gewöhnlichen Brieftext, unabhängig von der verwendeten Schrifttype, sichtbar bleiben kann. Ein Firmenname mit Binnenmajuskel kann mit einem Großbuchstaben begonnen werden, oder, was besonders auffällig ist, ansonsten klein geschrieben werden. Firmennamen mit Binnenmajuskel werden zumeist auch in Korrespondenztexten entsprechend typografisch wiedergegeben.

  Majuskel am Anfang: *MediaMarkt*
  Minuskel am Anfang: *easyJet*

Kleinschreibung
  designaustria
  minimundus

Abb. 4.3: Kleinschreibung von Firmennamen im Logo

Es gibt viele Möglichkeiten, einen Firmennamen zu schreiben. Die Schreibweise im grafisch gestalteten Logo, also im Firmenschriftzug, muss nicht automatisch die Schreibweise in Unternehmenstexten sein.

Schreibweise von Firmennamen in Texten
Üblicherweise verlangen Unternehmen innerhalb von Texten die Schreibweise mit Anfangsmajuskel. So sind die Logos der Airline *Germanwings* und des Kopiererherstellers *Xerox* im Logo nur mit Minuskeln geschrieben (Abb. 4.3), in Texten wird jedoch mit einem Majuskel begonnen: *Germanwings, Xerox*.

Firmennamen werden ansonsten im laufenden Text wie normale Wörter geschrieben. Sie sollten nicht in fettem Schriftschnitt (bold) gesetzt werden und nicht in Versalien (Großbuchstaben). Abkürzungen aus Initialen werden groß gesetzt *(OMV)*, Abkürzungen aus Silben jedoch nicht *(BayWa)*. Bei Komposita wird analog vorgegangen: *OMV-Tankstelle* und *BayWa-Lagerhaus*. Firmennamen sollten keinesfalls als Bilddatei (Schriftzug) in den Text eingefügt werden. Zwar würden solche Hervorhebungsarten eine schnellere Identifikation des Unternehmens bieten, die Wirkung wäre allerdings reklamig. Diese Schreibregeln sind in den meisten Unternehmen üblich. Allerdings bietet sich hier ein Normbruch als Corporate-Code-Marker an. In Verträgen muss ein Firmenname jedoch immer exakt so geschrieben werden, wie er im Firmenregister eingetragen ist, unabhängig von der Logotypografie.

Komposita mit dem Firmennamen werden normwidrig häufig ohne Bindestrich (und teilweise ohne Leerzeichen) geschrieben, wenn es sich um Produkte oder Dienstleistungen handelt:
Schön&Gut Service

Wenn es sich um allgemeine Komposita handelt, sollte in Texten allerdings ein Bindestrich zwischen Markennamen und Zusatz gesetzt werden:
Damit können Sie auch weiterhin von den zahlreichen Schön&Gut-Leistungen profitieren.

Es muss auch unterschieden werden, ob es sich um den *Legal Name* handelt, z. B. in Verträgen, oder um die Nennung der Marke.

In Verträgen (Legal Name):
D.A.S. Rechtsschutz AG
In der Korrespondenz, in der Werbung und PR (Markenname):
Die D.A.S. ist der Spezialist für Rechtsschutz.
Mit der D.A.S. haben Sie einen starken Partner in Rechtsfragen an Ihrer Seite und profitieren von unseren zahlreichen Leistungen.

Firmenname, mit oder ohne Artikel

Bei vielen Unternehmen wird der eigene Firmenname ohne Artikel verwendet und auch nicht dekliniert:

> *Wir freuen uns, Sie bei ERGO zu begrüßen.*

Firmenname, dekliniert oder nicht

Manche Unternehmen schreiben ihren Namen mit Artikel, aber deklinieren ihn nicht:

> **Ihre Rentenversicherung nimmt auch an der Ausschüttung der von der WIENER STÄDTISCHE Versicherung AG Jahr für Jahr erzielten Überschüsse teil.*
> (Versalschreibung im Original)

Mit dekliniertem Markennamen klingt dieser Satz allerdings weniger holprig:

> *Ihre Rentenversicherung nimmt auch an der Ausschüttung der von der Wiener Städtischen Versicherung Jahr für Jahr erzielten Überschüsse teil.*

CCM 2　　Umschreibungen des Firmennamens

Die Nennung des Firmennamens in einem Text ist selbstverständlich ein klares Erkennungsmerkmal für ein bestimmtes Unternehmen. Nur wirken zu häufige Nennungen aufdringlich. Anstatt den Firmennamen in einem Text zu wiederholen, können Sie ihn auch umschreiben. Dabei sollten Sie sich auf eine einzige Umschreibungsvariante festlegen, damit das Unternehmen sicher erkennbar bleibt. Wenn die Umschreibung mithilfe des Claims stattfindet oder zumindest Fahnenwörter aus dem Claim enthält, ist der Corporate-Code-Faktor besonders hoch.

Umschreibungen mit schwachem Corporate-Code-Faktor:

> *Wir*
> *Unsere Firma*
> *Unser Haus*

Umschreibungen mit mittlerem Corporate-Code-Faktor (Einsatz von Fahnenwörtern):

> *Deutschlands älteste Brauerei*
> *Das Erste Haus am Platz*
> *Österreichs umsatzstärkster Onlinehändler*

Umschreibungen mit hohem Corporate-Code-Faktor (mit unverwechselbarem Alleinstellungsmerkmal):

> *Die Zuffenhausener Sportwagenschmiede* (Porsche)

Big Blue (IBM)
Das unmögliche Möbelhaus aus Schweden (IKEA)
Kehrforce (MA 48, Stadtreinigung Wien – Claim: „We kehr for you!")

CCM 3   Bezeichnungen für das Personal

Alle Mitarbeitenden sind Botschafter ihres Unternehmens. Internal Branding sorgt dafür, dass sie sich den Leitsätzen entsprechend verhalten (Corporate Behaviour!). Internal Branding bedeutet auch, die unterschiedlichen Fähigkeiten und Kenntnisse der Mitarbeitenden passend zu bezeichnen. Dieser Corporate-Code-Marker bietet mit beschreibenden Personalbezeichnungen ein Instrument, die Leistungen und Qualifikationen der Mitarbeitenden positiv herauszustreichen und unternehmenstypisch zu branden. Die folgenden Beispiele sind wiederum nach der Stärke ihres Corporate-Code-Faktors gereiht:

Personalbezeichnungen mit schwachem Corporate-Code-Faktor:
Belegschaft
Die Leitung unseres Hauses
Sachbearbeiterin
Experten
Kollegen
Mannschaft
Mitarbeitende
Personal
Profis
Team
Unser Einkauf
Unsere Rechtsabteilung

Personalbezeichnungen mit mittlerem Corporate-Code-Faktor (Einsatz von Fahnenwörtern):
Fleißige Helferlein
Küchengeister
Kreative Köpfe
Sachverständige Kräfte
Spezialisten für ...
Rechtsexperten
Fahrtechnikasse

Pünktlichkeitsfanatiker
Stilberater
Veranlagungsexperten

Personalbezeichnungen mit hohem Corporate-Code-Faktor (mit unverwechselbarem Alleinstellungsmerkmal):
Österreicher mit Verantwortung (Interpretation des Akronyms OMV)
Die Untertürkheimer Autobauer (Mercedes Benz hat seine Zentrale in Untertürkheim)

Personalbezeichnungen mit maximalem Corporate-Code-Faktor (Integration des Firmennamens):
ADAC-Juristen
Die Müllers (die Mitarbeitenden eines Unternehmens namens Müller)
Nokianer (Nokia)
Sacher-Team
T-mobile-Helpline

CCM 4   E-Mail-Signatur

E-Mail-Signaturen nennen das jeweilige Unternehmen beim Namen und erfüllen damit zu 100 Prozent die Aufgabe, ein Unternehmen erkennbar zu machen. Eine Signatur muss aus formalen Gründen die juristisch korrekte Firmenbezeichnung (Legal Name) beinhalten. Manche Inhaber großer Marken haben einen anderslautenden Firmennamen. Zum Beispiel heißt der Firmenname der Marke *Maximöbel: BK Möbel Handel KG*. In einem solchen Fall läge es nahe, den Firmennamen auf die bekannte Marke umzuändern. Zumindest macht es Sinn, in der Signatur die bekannte Marke vor dem offiziellen Firmennamen zu nennen.

Vermeiden Sie die Abbildung des Firmenlogos in der Signatur, denn beim Downloaden von mitgeschickten Dateien speichert man die Logodatei unnötigerweise als vermeintliche Anlage mit.

Natürlich muss jede Signatur die persönlichen Kontaktdaten des Absenders zeigen, also Mailadresse, Postanschrift und Telefonnummer. Der Umgang mit akademischen und sonstigen Titeln wurde im Kapitel *Empfängerorientierung* gesondert behandelt. In manchen Firmen oder Abteilungen ist der persönliche Kontakt nicht erwünscht und es werden nur die Kontaktdaten der betreffenden Abteilung angegeben. Das ist aus Corporate-Behaviour-Sicht nicht wünschenswert (jeder Mitarbeiter ist Markenbotschafter!). Leider scheinen vor allem Behörden weiterhin die Anonymität vorzuziehen.

Die letzte Zeile in der Signatur kann den Claim zeigen. Hier lässt er sich besser integrieren als mitten im Text.

CCM 5   Claim

In der Corporate-Communications-Praxis werden die Begriffe *Claim* und *Slogan* zumeist nicht unterschieden. In Fachliteratur und Lehre bedeutet Claim (engl. für *Behauptung, Anspruch, Forderung, abgestecktes Terrain zum Gold schürfen*) eine Aussage über den Markenkern eines Unternehmens, die viele Jahre Gültigkeit hat. Claims bestehen aus einer kurzen prägnanten Formulierung und werden normalerweise direkt neben dem Firmenlogo platziert, z. B. lautet der Claim von BMW *Freude am Fahren*.

Nina Janich teilt Claims (bei ihr: Slogans) in drei Kategorien:
– Produktthematisierung (Milka: *Die zarteste Versuchung, seit es Schokolade gibt*)
– Werbendes Unternehmen (Opel: *Wir leben Autos*)
– Konsument (Langnese: *Ich und mein Magnum*)
(vgl. Janich 2013: S. 61)

Claims haben durch ihre lange Einsatzdauer einen sehr hohen Corporate-Code-Faktor. Sie beinhalten zwar nur manchmal den Firmennamen, aber durch konsequente Bewerbung können sie einen hohen Bekanntheitsgrad erreichen und so, fast so wirkungsvoll wie der Firmenname selbst, zur Identifikation des Unternehmens beitragen. Unverständlicherweise ändern Unternehmen immer wieder ihre erfolgreichen Claims und verschenken so unnötig Markenkapital. Beispiele dafür sind:
Geiz ist geil (Saturn, abgelöst durch *Soo! muss Technik*)
Wohnst du noch oder lebst du schon? (IKEA, abgelöst durch *Weil es dein Zuhause ist.*)

In der Printwerbung steht der Claim üblicherweise neben dem Logo. In der TV- und Radiowerbung folgt der gesprochene oder gesungene Claim meist auf den Firmennamen. In der Korrespondenz eignen sich Claims gut für den Einsatz in der E-Mail-Signatur (siehe oben). Ansonsten ist der Claim in der Korrespondenz eher zurückhaltend einzusetzen, da es meist reklamig wirkt, wenn er innerhalb eines Textes erscheint. Im Claim enthaltene Fahnenwörter (CCM 15) lassen sich hingegen gut auskoppeln und im fortlaufenden Text integrieren.

Der Einsatz von Claims in Unternehmenstexten gehört ebenfalls zu den wirkungsvollsten Corporate-Code-Markern.

CCM 6　Slogan

Der Übergang zwischen Claim und Slogan ist fließend. Slogans unterscheiden sich von Claims durch kürzere Lebensdauer. Slogans werden weniger für Unternehmen als für ein bestimmtes Produkt und während einer kurzen Lebensdauer eingesetzt. Ihr Beitrag zum Corporate Code ist daher etwas geringer einzuschätzen als der eines Claims. Wird ein Slogan massiv beworben, erhöht sich sein Corporate-Code-Faktor. Wird ein Slogan länger als ein Jahr eingesetzt, kann man allerdings bereits von einem Claim sprechen.

CCM 7　Fachsprache

Fachsprachen (Fachjargons) sind Soziolekte. Umgangssprachlich bezeichnet man als Fachsprache zumeist die Verwendung von (unverständlichen) Fachbegriffen. Fachbegriffe sind jedoch notwendig, damit Fachleute sich unkompliziert und eindeutig über ihr Fachgebiet austauschen können. Viele Synonyme, die Laien für Fachbegriffe verwenden, sind ungenau und weniger aussagekräftig, z. B. bedeutet der juristische Fachbegriff *in Schriftform* etwas anderes als der Ausdruck *schriftlich*: *In Schriftform* bedeutet in der juristischen Fachsprache die Notwendigkeit einer eigenhändigen Unterschrift. *Schriftlich* bedeutet hingegen lediglich, dass etwas in Schriftform festgehalten wird. Auf den Umgang mit Fachbegriffen wurde bereits weiter oben näher eingegangen (S. 44). Der Grund für das negative Image von Fachsprachen liegt wahrscheinlich weniger an den Fachbegriffen als an den schwer fasslichen Satzmonstern.

Jede Branche hat ihre eigene Fachsprache. Unternehmen, die in einer bestimmten Branche tätig sind, werden üblicherweise an die jeweiligen Stilmuster angepasst formulieren. Ausnahmen können sich nur Newcomer leisten, die um jeden Preis auffallen wollen. Typische Fachsprachen gibt es in allen Bereichen der Wissenschaft, in der Politik, bei Behörden, in Kunst und Kultur, im Journalismus oder beim Sport.

Fachsprache spielt eine zwiespältige Rolle als Corporate-Code-Marker. Einerseits repräsentieren Fachsprachen Gattungscodes, nämlich den Code einer Branche oder einer wissenschaftlichen Disziplin. So ist alleine durch die Verwendung eines Fachcodes bereits sichergestellt, dass ein Text seine Branchenherkunft erkennen lässt, also zur Branche passt. Andererseits will Corporate Code jedoch die Einzigartigkeit eines Unternehmens innerhalb seiner Branche hervorheben. Corporate Code muss dabei die branchenübliche und fachspezifisch genormte Begrifflichkeit respektieren.

Es würde von wenig Fachkompetenz zeugen, wenn sich die Sprache einer Kfz-Fachwerkstätte wie die einer Hobbybastelgruppe anhörte. Ein Unternehmen kann seine Kompetenz und die Qualität seiner Produkte oder Dienstleistungen durch den Einsatz von neu geschaffenen Fachbegriffen (Neologismen) signalisieren, deren Bestandteile aus der betreffenden Fachsprache stammen (z. B. *Achslastverteilung* oder *Fahrerlebnisschalter* in der Autoindustrie). Fachbegriffe können große unterscheidende Wirkung entfalten, wenn sie vom jeweiligen Unternehmen eigens erfunden worden sind. Solche *Hochwertwörter* stellen wir als CCM 17 vor.

Fachsprache zeichnet sich nicht nur durch typische Fachwörter aus, sondern auch durch eine typische Syntax. Fachsprachen sind sehr stark vom Nominalstil geprägt. Typischerweise werden in Fachsprachen komplexe Zusammenhänge durch Nominalisierungen (S. 67, 95) auf einen Nenner gebracht. Was für Laien die Verständlichkeit erschwert, erleichtert Fachleuten den Diskurs. In der Juristensprache genügt das eine Wort *Schadenminderungspflicht*, um auszudrücken: „Wer einen Schaden erleidet, muss den Schaden so gering wie möglich halten" (http://de.wikipedia.org/wiki/Obliegen heit, am 16.07.2014). Ein zweites Beispiel: „(Der juristische Fachbegriff) ‚*ohne Präjudiz*' bedeutet, dass ein strittiger Anspruch zwar teilweise oder sogar vollständig erfüllt wird, damit aber nicht die Anerkennung dieses Anspruches im Sinne eines Schuldeingeständnisses zu verstehen ist" (http://de.wikipedia.org/wiki/Pr%C3%A4judiz, 16.09.2014).

Ein weiteres Merkmal für Fachsprachen sind Abkürzungen. Sie helfen, Wortmonster zu vermeiden, jedoch sie sind für Außenstehende unverständlich (siehe die E-Mail eines EDV-Administrators auf S. 45). Fachsprachen haben auch eine soziale Funktion, sie vereinen Insider als soziale Gruppe und grenzen diese von anderen Gruppen ab, sind also aus dieser Perspektive Soziolekte.

CCM 8 Jugendslang

Den (einen) Jugendslang gibt es nicht. Regionale und kulturelle Einflüsse gebären eine unübersehbare Vielfalt an Jugendslangs. Auch das Haltbarkeitsdatum von Jugendslangs ist sehr begrenzt. Jede Generation benötigt ihren Jargon, um sich von den vorangegangenen Generationen zu unterscheiden. Manche Wörter verschwinden bereits nach wenigen Jahren: Wer nennt z. B. eine aktuelle Sache heute noch *hip* oder sagt *daddeln* zum Spielen auf dem Computer?

Der Einsatz von Jugendslang als Marker ist nur bei Unternehmen glaubwürdig, deren Personal auch selbst der betreffenden Altersgruppe entstammt. Jugendslang, der nicht authentisch ist, klingt in den Ohren der jungen Rezipienten lächerlich. Jugendslang (und auch Dialekt, siehe CCM 10) kann als Ironiesignal sehr wirkungsvoll sein. Das gelingt jedoch nur, wenn die Ironie auch erkannt wird. Unternehmen, die ein jüngeres Zielpublikum haben und deren Sprachstilkriterien Direktheit, Unkompliziertheit, Modernität und Jugendlichkeit lauten, können ihren Schreibstil stark an die gesprochene Sprache anpassen. Was anderswo als unhöflich gilt, ist hier ein passender Corporate-Code-Marker.

Beispiele für Jugendslang haben ein schnelles Verfallsdatum. Was ich heute als passende Beispiele zusammengetragen habe, wird bereits nach ein bis zwei Jahren veraltet klingen:
>*Diese krassen Blitz-Bilder werden dich schockieren*
>>(Headline auf der Website von Red Bull, August 2014)
>*Jetzt Eröffnungsgeschenke abstauben!*
>>(Headline auf der Website des Bank-Austria-Jugendkonto, August 2014)
>*Mega Events, voll günstig!*
>>(Headline auf der Website des Bank-Austria-Jugendkonto, August 2014)

CCM 9 *Umgangssprache und geschriebene Mündlichkeit*

Auch die nahe persönliche Beziehung zweier Korrespondenzpartner erlaubt es, mündliche Sprachformen direkt in die geschriebene Sprache zu transferieren. Solche Umgangssprachlichkeit bedeutet unter anderem besonders kurze Sätze, was den Bemühungen um Verständlichkeit entgegenkommt. Geschriebene Mündlichkeit sorgt als Corporate-Code-Marker für Nähe zur Zielgruppe. Weiter oben haben Sie erfahren, dass direkte Rede in ihrer geschriebenen Form den verstärkten Einsatz von Fragezeichen und Ausrufezeichen mit sich bringt. Auch das Verwenden von spontanen Ausrufen ist typisch für geschriebene Mündlichkeit *(hoppla!, fein!)*.

Förmlich	**Umgangssprachlich**
Wäre für Sie ein Termin um die Mittagszeit passend?	*Treffen wir uns mittags?*

Bei Durchsicht der Planunterlagen haben wir bemerkt, dass der Eingabeplan noch fehlt.	*Oje, bei den Plänen fehlt noch der Eingabeplan!*
Wir freuen uns über Ihre Zusage.	*Schön, dass Sie kommen!*

Sogar Gedankensprünge wären vorstellbar:

Sie können gerne Ihren netten Kollegen mitbringen.	*Bringen Sie doch Ihren netten Kollegen mit! – Wie war sein Name?*

Besonders bei Texten auf Web-Plattformen, Onlineshops und Social-Web-Foren besteht die Tendenz zur Umgangssprachlichkeit. Das ist verständlich, denn wer Webdienste in Anspruch nimmt, erwartet sich eine schnelle und effiziente Abwicklung. Typische Formulierungen auf Websites lauten:

Sie haben Ihre Mailadresse vergessen. Wie konnte das passieren?
Sie haben es geschafft! In Kürze werden Sie eine Bestätigungs-E-Mail in Ihrem Postfach finden.
Hoppla, diese Mailadresse dürfte falsch sein!
Noch nicht angemeldet? Hier geht es zur Registrierung.
Passwort vergessen? Passwort anfordern.
Hier geht's zur Bestellung.
Neuer Kunde? Starten Sie hier.

CCM 10   Dialekt

Unternehmen, die sich stark regional verankert präsentieren wollen, können Dialekt einsetzen. Dialekte oder der Einsatz von Dialektbegriffen sind geeignete Marker für Unternehmen, deren Sprachstilkriterien *Regionalität, Nähe* oder *Beständigkeit* und *Tradition* lauten. Wie auch beim Jugendslang (CCM 8) erwähnt, kann Dialekt ein wirkungsvolles Ironiesignal sein. Für die Sprachstilkriterien *Patriotismus* und *Heimatverbundenheit* wird Dialekt gerne als Marker eingesetzt:

Servus die Wadln!
    (Claim des Sportartikelhändlers Intersport in Österreich, August 2014)
Mei Bia hot ka krise
    (Headline der Brauerei Ottakringer, August 2014)
Es wird g'loden, woat a bissl!
    (Hinweis auf der Startseite von Almdudler, August 2014)

Bei Marken, die trotz des Sprachstilkriteriums *Regionalität* im gesamten deutschen Sprachraum verstanden werden wollen, muss sich der Einsatz des CCM Dialekt auf Begrüßungs- und Abschiedsformeln, Headlines und Claims beschränken. Zum Beispiel verwendet die Website „Schwabenkoffer.de – Schwäbische Produkte und Kultur" Dialekt nur in der Navigation, der Rest der Website ist hochdeutsch geschrieben:

„Über oos (Über uns)
Zom Lädle (Zum Shop)
Mit wem mir schicket (Mit wem wir versenden)
Gäschtebuch (Gästebuch)
Wenn was wilsch (Wenn du was [bestellen] willst)
Guck a mol (Schau mal [links])
Wo mir dohoim senn (Wo wir zuhause sind)
Wo gibt's ons sonscht no? (Wo gibt es uns sonst noch?)"
(http://www.schwabenkoffer.com/ am 21.07.2014)

CCM 11   *Bezeichnungen für Produkte und Dienstleistungen*

Unternehmenseigene Bezeichnungen für Produkte oder Dienstleistungen (Produktmarken oder Dienstleistungsmarken) sind starke Corporate-Code-Marker, wenn sie dem Unternehmen unverwechselbar und eindeutig zugeordnet werden können.

Das bekannteste Beispiel für Produktnamen als Corporate-Code-Marker dürfte der Möbelkonzern IKEA sein. Abgesehen vom bekannten Duzen seiner Kunden, nutzt IKEA die Bekanntheit seiner schwedischen Herkunft mittels schwedisch klingender Produktnamen: *Böja, Ektorp, Jansjö, Klippan, Malm* etc.

Ein starker Corporate-Code-Marker ist eine aus dem eigenen Firmennamen abgeleitete Wortschöpfung. Dies ist den Unternehmen *Google* und *Twitter* mit den Neologismen *googeln* und *twittern* gelungen. Ende des vergangenen Jahrtausends waren das Verb *xerokopieren* und das Nomen *Xerokopie* Gattungsbegriffe für *fotokopieren* und *Fotokopie*.

Produktbezeichnungen werden dann als unternehmenstypisch erkannt, wenn sie signifikante Bestandteile des Firmennamens enthalten oder andere unverwechselbare Hinweise auf das Unternehmen. Komposita, die den Firmennamen oder signifikante Silben daraus enthalten, sind ideal geeignet, die Markenarchitektur um Submarken zu erweitern. Die US-amerikanische Schnellrestaurantkette McDonald's schafft unverwechselbare Produkte mit Mc-Komposita:

McCafé
McDouble
Chicken McNuggets usw.

McDonald's verklagt Gastronomieunternehmen, die den Namensbestandteil *Mc* verwenden.

Das *iPhone* von Apple ist zum Gattungsbegriff geworden und stützt viele weitere Apple-Produkte:

iMac
iPad
iPod
iTunes usw.

Ob der Markenname eines Produktes geeignet ist, eines Tages zum Gattungsbegriff zu werden, ist nur schwer vorauszusagen. Gelungen ist dies z. B. den Marken *Nivea* (Gattungsbegriff für Hautcreme), *Tesa* (in Deutschland Gattungsbegriff für Klebeband) und *Tixo* (in Österreich Gattungsbegriff für Klebeband). Selbst wenn dafür die ursprüngliche Alleinstellung am Markt günstige Voraussetzung war, ist für einen solchen Erfolg die Notwendigkeit von konsequenter Markenstrategie und Markenpflege unbestritten.

Auch Gebäude- und Raumbezeichnungen sind gut geeignet, durch unternehmenstypische Bezeichnungen als Corporate-Code-Marker zu funktionieren, z. B. der Name des Firmenrestaurants. Sogar wenn es nicht öffentlich ist, kann ein klingender Name, als Maßnahme des Internal Brandings, die Motivation der Mitarbeitenden fördern. Und wenn ein Firmenrestaurant Betriebsfremden offen steht, wirkt sein Name auch nach außen.

Firmenrestaurants mit Nennung des Firmennamens:

Wilken Casino (Softwarehersteller Wilken)
Reinert's (Logistikunternehmen Reinert)
Itrissimo (Itris Gruppe)

Firmenrestaurants mit Nennung von Fahnenwörtern:

Il Podio (Ferrari)
Stripes (Adidas)
MachBar (Agentur für Arbeit Oldenburg)
Småland (Kinderstube bei IKEA sowie schwedische Provinz, wo viele Kinderbücher von Astrid Lindgren spielen; *smål* bedeutet: schmal, eng)

Schreibweise von Produkt- und Dienstleistungsbezeichnungen

Binnenmajuskel
Bereits im CCM 1 (Firmenname) wurde die Binnenmajuskel vorgestellt. Beispiele für Binnenmajuskeln in Produktbezeichnungen:
> *KlarText*
> *RechtsService*
> *EasyClean*
> *BahnCard*
> *iPhone*

Austrian Airlines schreiben den Namen ihres Billigtarifs mit einem senkrechten Trennungsstrich zwischen den Wörtern *red* und *ticket*:
red|ticket

Zusammenschreibung und Kleinschreibung
> *railjet*
> *helpdesk*
> *nightline*

Homophonie
> *fairbindung*

Normwidrige Getrenntschreibung
Oft entstehen Produktbezeichnungen aus dem Zusammensetzen zweier Wörter. Häufig ist dabei der Firmennamen enthalten. Bei den daraus entstehenden Komposita wird häufig auf den normgerechten Bindestrich verzichtet, was mit dem Einfluss des Englischen zusammenhängen dürfte:
> *ERGO Schreibwerkstatt*
> *ÖBB VORTEILSCARD (mit durchgehender Großschreibung)*
> *ÖBB BUSINESScard*
> *Montage Service*
> *Kunden Center*
> *24 Stunden Service Center*

Zusammenschreibung
Normgerecht müsste man Komposita mit Bindestrichen lesbarer machen:
> *Kunden-Center*
> *24-Stunden-Service-Center*

Besonders auffällig wirken Wortmonster, die mit Bindestrichen gegliedert werden. Die folgende Schreibweise ist jedoch nur in Werbemitteln vorstellbar:
SOFORT-NEU!-ODER-GELD-ZURÜCK!-GARANTIE

CCM 12 Bezeichnungen für Prozesse und Werkzeuge

In jedem Unternehmen gibt es eine Vielzahl an Tätigkeiten, Prozessen, Projektschritten, Zwischenprodukten, Zutaten, Hilfsstoffen, Formularen, Werkzeugen und Maschinen. Die Wirkung ihrer Bezeichnungen auf den Corporate Code ist schwächer als die von Produkt- und Dienstleistungen, allerdings können auch sie durch Namensbestandteile auf das Unternehmen verweisen. Sie fördern das Image der Marke, indem sie auf Qualitäten, Werte oder Eigenschaften verweisen. Die Festlegung eines bestimmten Vokabulars für Prozesse und Werkzeuge spielt eine wichtige Rolle für die Verständlichkeit. Schwer verständlich sind Texte, wenn verschiedene Abteilungen unterschiedliche Bezeichnungen für ein und dieselbe Sache verwenden. Verschiedene Zielgruppen können durchaus unterschiedliche Begriffe rechtfertigen, innerhalb einer Zielgruppe muss hingegen streng darauf geachtet werden, dass diese Ebenen nicht vermischt werden. Sie können bei der Korrespondenz mit Lieferanten spezifische Fachausdrücke benutzen, beim Schreiben an Konsumenten müssen Sie jedoch verständlichere Begriffe einsetzen. Verständliche Bezeichnungen für Prozesse und Werkzeuge vermeiden unnötige Arbeitszeit, die durch Rückfragen entsteht.

Glossar
Ein Grafikstudio liefert seinen Kunden *Entwürfe, Layouts, Skizzen, Skribbles, Designs* und *Reinzeichnungen*. An Druckereien liefert es *PDF-Files* und erhält von dort danach einen *Andruck*, einen *Probedruck*, ein *Matchprint* oder ein *Softproof*. – Manche dieser Begriffe sind Synonyme, manche bezeichnen Unterschiedliches. Das Grafikstudio ist gut beraten, sich auf wenige Bezeichnungen zu beschränken und diese in Klammern oder Fußnoten zu erklären.

Eine Versicherungsgesellschaft spricht von *Vertrag, Versicherungsvertrag, Police* (österreichisch: *Polizze*), *Versicherungspolice, Kontrakt*. Diese werden, je nach Autor und Abteilung, *ausgestellt* oder *policiert* und danach *gekündigt, aufgekündigt, beendet* oder *storniert*. Man *ist versichert, genießt Versicherungsschutz*, man *hat Versicherungsschutz* oder *es besteht Deckung*. Dafür bezahlt man *Beiträge* oder *Prämien*. Corporate Code bedeutet, ein Glossar der gewünschten Fachbegriffe auszuarbeiten. Fachbegriffe unterstreichen die Kompetenz des Autors und damit des Unternehmens. Sie dürfen verwendet werden, müssen aber Laien erklärt werden, dann entsprechen sie den Grundsätzen von Corporate Code. Wichtig ist eine durchgängige einheitliche Wortwahl. Nur so ist ein geschlossener Auftritt nach außen möglich. Alle zugelassenen Begriffe müssen in einem Glossar gelistet werden. Der CCM 12 bringt einheitliche und widerspruchsfreie Begrifflichkeit.

Naming-Strategien für Produkte, Dienstleistungen, Prozesse und Werkzeuge
Individuell und unternehmenstypisch anmutende Bezeichnungen für Produkte und Leistungen unterstützen das Bestreben nach einem unverwechselbaren Sprachstil.
   „Man ersetzt z. B. unspezifische Tätigkeitsverben wie *herstellen* oder *produzieren* durch spezifisches Know-how-Vokabular, z. B. bei der Benennung technologischer Verfahren der Schokoladenherstellung, wo die Fachwörter *walzen* und *conchieren* zum Einsatz kommen" (Hoffmann, Michael, in: Werbekommunikation stilistisch. In: Janich, „Handbuch Werbekommunikation" 2012: S. 179–194, hier: S. 185).

Ich schlage vier Strategien zur Namensfindung für Leistungsbeschreibungen vor:

Integration des Firmennamens
   Xerokopieren < Xerox
   Kaisermahl < Gasthaus Kaiser
Bildhafte Umschreibung
   Kiss & Ride (statt *Abholhalteplatz*)
   Raus damit! (statt *Sonderangebot*)
Hervorstellung von Vorzügen und Qualitäten
   Fairsicherung
   Komfortzone
   Powerpanel
Hervorstellung von Kompetenz durch Hochwertwörter (CCM 17)
   Zinsgarantie
   Frühbucherrabatt

Naming-Strategie der Österreichischen Bundesforste AG (ÖBf)
Im Jahr 2011 haben die ÖBf ihre Forst-Fachbegriffe in allgemein verständliche Synonyme übersetzt. Diese Naming-Strategie wurde *Re-Wording* genannt und gilt für die externe Kommunikation. Die traditionellen Begriffe werden in Klammern hinter den neuen Begriffen geschrieben. Im Verkehr mit forstlichen Fachkreisen werden die ursprünglichen Fachbergriffe weiter verwendet.

Fachbegriff:	Re-Wording
*Bestand	Wald
*Dickung	Jungwald
*Dickungspflege	Jungwaldpflege
*Einschlag	Holzerntemenge
*Einschlagstruktur	Holzerntestruktur
*Erstdurchforstung	Zukunftsbaum-Förderung
*Endnutzung	Ernte reifen Holzes
*Endnutzungsbestände	Wälder mit erntereifem Holz
*Fällen, schlägern	ernten
*Forst	Wald
*Hiebsatz	Nachhaltiges Holzernteziel
*Jungwuchs	Jungbaum
*Jungwuchspflege	Jungbaumpflege
*Kalamität	Schadereignis oder Naturkatastrophe
*Laubholz	Laubbaum
*Nadelholz	Nadelbaum
*Verwalten	Betreuen und bewirtschaften
*Vornutzung	Durchforstung

(Österreichische Bundesforste AG: Re-Wording 2011)

CCM 13 Bekenntnisse und Glaubenssätze

Die einzelnen Leitsätze in einem Leitbild geben Versprechen ab, z. B. wie ein Unternehmen die Qualität aufrechterhalten und verbessern will, welche Anforderungen an Lieferanten gestellt werden oder wie für Umweltfreundlichkeit und Nachhaltigkeit zu sorgen ist. Manchmal klingen solche Leitsätze wie religiöse Bekenntnisse. Sie beginnen häufig mit „Wir bekennen uns zu ...", was nicht weiter verwunderlich ist, schließlich werden ja Versprechen abgegeben. Solche Glaubenssätze lassen sich gut in alle übrigen Unternehmenstexte einflechten, sei es als Zitat oder als Paraphrase.

Leitsatz:
Wir wollen in der Wertschöpfungskette unserer Kunden produktiv mitwirken.

Bekenntnis oder Glaubenssatz:
Ich bin sicher, unser Angebot wirkt produktiv in Ihrer Wertschöpfungskette mit.
(Anstatt: *Ich hoffe, unser Angebot entspricht Ihren Erwartungen.)

Wir lernen aus Fehlern und betrachten sie als Chance zur Verbesserung unserer Leistung.

Bitte entschuldigen Sie unseren Fehler. Wir sehen ihn als Chance zur Optimierung unseres Webshops und informieren Sie, sobald die neue Version online ist.

Wir verfolgen aufmerksam die technische und rechtliche Entwicklung des Bauwesens und sichern durch laufende Fortbildung den internationalen Standard unserer Arbeit.

Sichern Sie den internationalen Standard Ihrer Arbeit durch laufende Fortbildung! Wir laden Sie herzlich zu unserem diesjährigen Bautechnikseminar ein.

CCM 14 Leistungsversprechen

Claims und Slogans enthalten in den meisten Fällen nur ein einziges, nämlich das wichtigste Markenattribut (Brand Attribute). Weitere Markeneigenschaften können in Unternehmenstexten durch Leistungsversprechen kommuniziert werden. Oft können sie direkt aus dem Leitbild übernommen werden. Leistungsversprechen beinhalten oft Fahnenwörter (CCM 15) und Hochwertwörter (CCM 17):

Wir verwandeln Ihre Idee in lukrativen Solarstrom. (Solarworld)

Wir schaffen Wert für unsere Aktionäre, indem wir langfristigen Erfolg über kurzfristige Gewinne stellen. (Deutsche Bank)

Mit der D.A.S. haben Sie einen starken Partner in Rechtsfragen an Ihrer Seite und profitieren von unseren zahlreichen Leistungen. (D.A.S. Rechtsschutz)

Es ist unser vorrangiges Ziel, unseren Heimatmarkt zuverlässig mit Energie zu versorgen und die Bestrebungen von Bürgern, Kommunen und Unternehmen nach einer dezentralen und selbstverantworteten Energieversorgung als Partner zu unterstützen. (EnBW)

CCM 15 Fahnenwörter

Nicht immer lassen sich ganze Leistungsversprechen in einen Unternehmenstext einflechten. Leichter fällt es, Schlüsselbegriffe einzubauen, die grundsätzliche Werte signalisieren. Man nennt sie Fahnenwörter. Auch sie stammen direkt aus dem Leitbild und zitieren einzelne Gene des Markenkerns. So machen Fahnenwörter ein Unternehmen erkennbar. Sie sind hoch motivierend und bieten intern ein Identifikationsangebot für Mitarbeitende. Als wirkungsvolle semantische Anker müssen Fahnenwörter bildhaft und einprägsam sein. Fahnenwörter können als Nomen, Adjektive oder Verben auftreten. Sie lassen sich im Leitbild oder in anderen normativen Unternehmenstexten finden. Auch im Claim lassen sich in der Regel Fahnenwörter ausmachen. So wünscht BMW (Claim: „Freude am Fahren") „Viel Freude an Ihrem neuen BMW" oder betitelt eine Anzeige mit „Freude pur".

Unternehmen:	*Fahnenwörter:*
BMW	*Freude*
Mercedes	*Wert*
Volvo	*Sicherheit*
Coca Cola	*Amerika*
Billa	*Frische*
Nivea	*Pflege*
IKEA	*Schweden*
ERGO Versicherung	*Vertrauen*

Vorsicht ist bei Modewörtern, auch *Plastikwörter* genannt, geboten. Sie bewirken oft das Gegenteil, weil sie bereits in jedem zweiten Leitbild auftauchen: *Dynamik, Nachhaltigkeit, Innovation, Teamgeist, Verantwortung, Kompetenz* etc. Solche Modewörter zeichnen sich überdies durch einen hohen Abstraktionsgrad aus. Sehr gut geeignet als Fahnenwörter sind Begriffe mit hohem Bildgehalt, zum Beispiel *Frische, Begeisterung, Ehrlichkeit* etc.

CCM 16 Wortfelder

Fahnenwörter eignen sich in idealer Weise dazu, den Markenkern zu kommunizieren. Die Wirkung von Fahnenwörtern wird durch Wortfelder verstärkt. Die moderne Linguistik bezeichnet ein Wortfeld auch als *Sinnbezirk* oder *Synset*. Wortfelder bestehen aus Wörtern, die in einem bedeutungsgemäßen Zusammenhang stehen und drücken durch synonyme Begriffe Ähnliches aus. Sie erweitern die Ausdrucksmöglichkeiten und verhindern das eintönige Wiederholen der wenigen Fahnenwörter eines Corporate Codes. Da ein einzelnes Wort mehrere Bedeutungen haben kann (Homonym), setzen sich Wortfelder aus benachbarten Bedeutungsfeldern zusammen. Die Feldgrenzen sind dabei fließend. Bei den folgenden Beispielen ist die Reihenfolge der Synonyme zufällig, als Ergebnis eines Brainstormings. Unterschiedliche grammatische Wortklassen (Nomen, Verb, Adjektiv etc.) spielen in Wortfeldern keine Rolle.

Beispiel Wortfeld *frisch*

1. Bedeutungsfeld *neu*:
   Erntefrisch, taufrisch, täglich, stündlich, grün, neu, unverbraucht, aktuell, reif
2. Bedeutungsfeld *erfrischend*:
   Gesund, erfrischend, ofenwarm, kühl
3. Bedeutungsfeld *wohlschmeckend*:
   Knackig, saftig, spritzig, kernig, schmackhaft
4. Bedeutungsfeld *natürlich*:
   Ungespritzt, naturbelassen, natürlich, Ursprung, Bio

Beispiel Wortfeld *innovativ*

1. Bedeutungsfeld *neu*:
   Neu, neuartig, erneuert, unverbraucht, modern, der Zeit voraus, zukunftsweisend, in Zukunft, Renaissance, erneuern, revolutionär, überraschend, Idee, Erfindung
2. Bedeutungsfeld *dynamisch*:
   Vorwärts, dynamisch, wendig, beleben, Grenzen überwinden, Wandel, an der Spitze, Avantgarde, Erster, Pionier, zuerst, kreativ, schöpferisch, Vorsprung
3. Bedeutungsfeld *besser*:
   Zukunftssicher, wegweisend, Fortschritt, erneuert, besser, verbessern, optimieren

CCM 17 Hochwertwörter

Hochwertwörter wirken in einem bestimmten fachlichen Umfeld positiv.

„Als Hochwertwörter können demnach alle diejenigen Ausdrücke bezeichnet werden, die ohne die grammatische Struktur eines Komparativs oder Superlativs geeignet sind, das damit Bezeichnete (bei Substantiven) oder näher Bestimmte/Prädizierte (bei Adjektiven) aufgrund ihrer sehr positiven Inhaltsseite aufzuwerten." (Janich 2013: S. 169).

„Sie verkörpern durch das in der Regel positiv eingeschätzte Denotat, auf das sie sich beziehen, einen hohen Wert" (Römer, Christine: „Werbekommunikation lexikologisch". In: Janich, „Handbuch Werbekommunikation" 2012: S. 33–46, hier: S. 38).

Dabei handelt es sich oft um Komposita, deren Bestandteile für die jeweilige Branche typisch sind und im jeweiligen Kontext positive Signalwirkung haben:

„Durch Komposition von Elementen, die im Prinzip auch in syntaktischen Fügungen vorkommen können, wird signalisiert, dass es sich nicht um ad hoc zusammengefügte Lexeme handelt, sondern um jeweils typische Bestandteile der jeweiligen Szenen" (Eichinger, Ludwig: ebd., hier: S. 27).

Eichinger nennt als Beispiele für Hochwertwörter in einem Auto-Werbetext: *Ergonomiesitz, Lichtfunktion und Fahrlicht.* Durch dreigliedrige Komposita gewinnt man Wörter mit einem gewissen Auffälligkeitswert, z. B. *Schallzahnbürste* (vgl. ebd.). Für die folgende Liste von Hochwertwörtern wurden jeweils nur zwei Beispiele aus den betreffenden Unternehmen ausgewählt:

Unternehmen:	*Hochwertwörter:*
Manz Crossmedia	*medienübergreifend, Datenvolumen*
D.A.S. Rechtsschutz	*Chancengleichheit, partnerschaftlich*
ERGO Versicherung	*Zukunftsvorsorge, Gewinnanteil*
Österreichisches Patentamt	*Schutzrecht, Innovationsschutz*
Actimel	*Immunsystem, zuckerreduziert*
Nivea	*Wohlfühloase, Reinigungsmilch*
McDonald's	*naturbelassen, Nährstoffbedarf*

CCM 18 Negative Begriffe

Ein heikles Thema ist der unvermeidliche Umgang mit Begriffen, die beim Rezipienten unangenehme Gefühle wachrufen können. In manchen Schreibratgebern wird vom Gebrauch der Tabuwörter *leider* und *Problem* abgeraten. Wenn eine Situation wirklich bedauernswert ist und das Unternehmen daran keine Mitschuld trägt, darf man sein Mitgefühl sehr wohl mit einem *leider* ausdrücken: *Leider war der vergangene Sommer so verregnet, dass die Ernte schlecht ausfiel.* Hingegen im Fall eines Lieferverzugs schreibt man statt
*Leider ist das gewünschte Produkt gerade nicht lieferbar
besser, da man ja als Hersteller verantwortlich ist:
Derzeit ist der gewünschte Artikel nicht lieferbar. Wir informieren Sie, sobald wir ihn ins Lager bekommen.

Die negative Wirkung mancher Begriffe wird von den Textproduzenten nicht immer erkannt, denn oft werden sie schon seit vielen Jahren verwendet. Corporate Code verlangt, das Vokabular auf schwächelnde Begriffe zu untersuchen. Zum Beispiel schreibt das österreichische Schienentransportunternehmen Westbahn:

Gutschein nur gültig bei Zustieg in Zug Nr. XY.

Nehmen Sie den Begriff *Zustieg* wörtlich: Mühsam erklettern Sie den Waggon! Besser wäre:

Gutschein nur gültig bei Westbahnzug Nr. ...
oder „*Gutschein nur gültig bei Westbahnreise Nr. ...*

Das Ersetzen negativer Begriffe ist eine Herausforderung für die Verantwortlichen im Corporate-Code-Prozess, denn solche Negativa sind häufig seit vielen Jahren in Gebrauch. Im günstigsten Fall lassen sie sich durch Hochwertwörter ersetzen.

Negativer Begriff (Tabuwort):	Gemilderter Begriff (Euphemismus):
*Beförderungsfälle	Fahrten, Reisende, Passagiere, Zustellungen, Lieferungen
*Fehler	Irrtum, technische Panne, Versehen, Unaufmerksamkeit
*Kundenbindungsprogramm	Bonusprogramm, Mehrwertprogramm, Priorityclub
*Mahnung	Zahlungsaufforderung
*Preiserhöhung	Preisanpassung
*Profitcenter	Sparte, Abteilung, Team
*Schadenfall	Rechtsschutzfall bzw. Haftpflichtfall etc., Ereignis
*Schlampigkeit	Unaufmerksamkeit
*Umstellung der EDV	Verbesserung der EDV
*Vertrag kündigen	Vertrag beenden
*Zielgruppe	Kunden, Konsumenten, Bezieher, Fans, Dialogpartner
*Zustellung verschieben	neuen Zustellungstermin anbieten

Euphemismen werden zur Milderung und Schonung eingesetzt. Leider können Euphemismen auch zur Verschleierung und Beschönigung missbraucht werden. Manche Euphemismen sind zynisch, wie im Falle von *Freisetzung* anstelle von *Kündigung*, *radioaktiver Störfall* anstelle von *Atomunfall* oder *Endlagerstätte* statt *Atommülldeponie*.

Paraphrasieren von negativen Begriffen

Wie antwortet man empfängerorientiert auf ein Schreiben, das ein Tabuwort enthält? Auf den Wunsch eines Kunden „Ich möchte meinen Vertrag kündigen" kann man zuerst einmal zitierend antworten. Danach mildert man, indem man sanft korrigierend paraphrasiert:

Sie möchten Ihren Vertrag kündigen. Sie können ihn beenden, wenn Sie ...

Wenn ein Kunde sich in einem Beschwerdebrief mit unmäßigem Vokabular beklagt, verbietet sich ein Zitat.

„Die Kundentoilette hat gestunken wie die Pest."

In solchen Fällen verzichtet man auf das wörtliche Wiederholen und antwortet abgemildert, mit einer milder klingenden Paraphrase:

*Vielen Dank für Ihren Hinweis auf die für Sie unerträgliche Geruchsbelästigung
in einer unserer Kundentoiletten.*

Mit der Einfügung *für Sie* gelingt es, auf die persönliche Situation des Beschwerdeführers scheinbar einzugehen, und gleichzeitig klingt an, dass andere durchaus weniger Geruchsbelästigung empfinden könnten.

CCM 19 Begrüßungsformel

Den Adressaten persönlich ansprechen und beim eigenen Namen nennen, das konnte man bis vor Kurzem nur in der Korrespondenz. Heute erlaubt das Digitaldruckverfahren auch personalisierte Werbeprospekte und sogar Inserate. In Mails und Briefen wird der Adressat zuerst in der Begrüßungsformel, danach fallweise im Text persönlich angesprochen. Wie so oft beim Corporate Code, gilt: Je persönlicher die Begrüßung ausfällt, desto erfolgreicher wird der Brief sein. Im Sinne einer optimalen Empfängerorientierung sollte mit dem Eigennamen begrüßt werden:

Sehr geehrte Frau Fröhlich

Sind Adressaten nicht persönlich bekannt, stehen für Rundschreiben eine begrenzte Anzahl von Formulierungen zur Auswahl:

Begrüßung mit schwachem Corporate-Code-Faktor:

Sehr geehrte Kundin, sehr geehrter Kunde
Sehr geehrte Klientin, sehr geehrter Klient
Sehr geehrte Partnerin, sehr geehrter Partner
Sehr geehrte Damen, sehr geehrte Herren
Sehr geehrte Damen und Herren

Begrüßung mit mittlerem Corporate-Code-Faktor:

Sehr geehrter Literaturfreund, sehr geehrte Literaturfreundin
Liebe Alpinisten!

Hallo aus Berlin!
Grüß Gott aus Innsbruck!

Begrüßung mit hohem Corporate-Code-Faktor:
Sehr geehrte Breuninger-Exquisit-Kundin, sehr geehrter Breuninger-Exquisit-Kunde
Liebes ÖAMTC-Mitglied

Ob mit *Liebe ...* oder *Sehr geehrte ...* begrüßt wird, wurde im Kapitel *Empfängerorientierung* im Rahmen der unterschiedlichen Beziehungsniveaus erörtert. Der Gruß *Hallo* setzt sich in Deutschland mit großer Geschwindigkeit durch, in Österreich und in der Schweiz wird er, als zu ruppig, weniger geschätzt. Allerdings beginnt sich das *Hallo* auch dort in den innovativen Branchen wie Kunst, Kultur und Medien durchzusetzen. Die Begrüßung *Hallo* ist auf alle Fälle ein Corporate-Code-Marker für die Sprachstilkriterien *Modernität, Direktheit.*

Die Grußformel *Guten Tag* ist in Deutschland beliebt. Sie ist moderner als das förmliche *Sehr geehrte ...* und klingt zurückhaltender als das *Hallo*. In Österreich hat sich *Guten Tag* noch nicht durchgesetzt. Hier ist die gesprochene Grußformel *Grüß Gott* für jedermann, auch für Ungläubige, üblich. Allerdings klänge auch in Österreich eine geschriebene Begrüßung mit *Grüß Gott* zu konservativ. Eine Ausnahme sind z. B. Religionsgemeinschaften oder Hersteller bäuerlich-regionaler Produkte und Beherbergungsbetriebe auf dem Land.

Guten Morgen oder *Guten Abend* hingegen wäre allerorts problemlos einsetzbar, doch muss man beachten, dass dieser tagesaktuelle Bezug deplatziert wirkt, wenn die E-Mail (denn um einen Postbrief wird es sich hier kaum handeln) erst um einiges später gelesen wird.

In Deutschland und in Österreich folgt nach der Anrede ein Komma und es wird danach klein weitergeschrieben. In der Deutschschweiz folgt nach der Anrede kein Komma und die erste Briefzeile wird mit einem Großbuchstaben begonnen. In allen deutschsprachigen Ländern wird bei der Anrede *Guten Tag Herr Müller* zwischen *Tag* und *Herr* kein Komma gesetzt.

Im Büroalltag lassen sich nicht alle Briefe personalisieren. Automatische Personalisierung ist nur bei einigen Korrespondenzprogrammen möglich und das individuelle Eingehen auf die persönliche Situation des Adressaten ist in der täglichen Arbeit oft zu aufwendig. Bei Massenmails oder Routineantworten greift man daher auf Textbausteine (Templates) zurück. Dafür muss im CCM 19 festgelegt werden, welche Standardbegrüßung (bei welcher Adressatengruppe) verwendet werden soll.

CCM 20 Bezeichnungen für Adressaten

Die Bezeichnung von Kunden, Lieferanten und den übrigen Stakeholdern eines Unternehmens ist nicht nur in der Anrede, sondern auch innerhalb der meisten Textsorten ein wichtiger Corporate-Code-Marker. Neben den üblichen Bezeichnungen wie *Kunde, Lieferant, Eigentümer* oder *Partner* können unternehmenstypische Adressierungen festgelegt werden. Wirkungsvoll sind Bezeichnungen, die Kunden als besonders sachkundig beschreiben. Hier nur eine kleine Auswahl an Möglichkeiten aus verschiedenen Branchen:

> *Gäste, Hotelgäste, Hausgäste, Urlaubende, Erholungsuchende, Touristen*
> *Paxe* (amerikanisch verkürzt für Passengers), *Fahrgäste, Passagiere, Reisende*
> *Connaisseurs, Genießer, Gourmets, Feinschmecker, Aficionados*
> *Kunden, Bankkunden, Sparer, Kreditnehmer, Investoren, Anleger*
> *Patienten, Kranke, zu Heilende, Leidende, Genesende, Heilungsuchende*
> *Heimwerker, Autofahrer, Biker, Surfer, Sportsfreunde*
> *Zuschauer, Hörer, Abonnenten, Fans, Freaks, User, Anwender*
> *Versicherte, Versicherungsnehmer, versicherte Personen, Versicherungsgemeinschaft,*
> *Gemeinschaft aller Versicherten*

Der Corporate-Code-Faktor dieser Adressierungen kann entsprechend verstärkt werden, wenn der Unternehmensname integriert wird:
> *Bauweltfan*
> *FAZ-Abonnent.*
> *Gast des Hauses „Zur Krone", Kronegast*
> *Opelfahrer*

CCM 21 Verabschiedungsformel

Jeder Brief endet mit einer Verabschiedungsformel. Zuerst muss wiederum das Beziehungsniveau geprüft werden. Von ihm hängt ab, ob Sie sich mit *Freundliche Grüße, Herzliche Grüße* oder *Liebe Grüße* verabschieden. Abkürzungen wie **L. G.* verbieten sich in Geschäftsbriefen.

Der Corporate-Code-Faktor einer Verabschiedungsformel kann erhöht werden,

wenn beim Erstkontakt die Ortsangabe angefügt wird. Solche Zusätze sind allerdings sparsam einzusetzen, wiederholt eingesetzt nutzen sie sich ab:
> *Freundliche Grüße aus Wien*

oder, noch stärker:
> *Freundliche Grüße aus der Heimat der Mannerschnitte o. Ä.*

Nach der Verabschiedungsformel folgen Vorname und Nachname des Absenders. Unterhalb des Namens kann seine Funktion stehen. Die jeweilige Abteilung wird erst in der nachfolgenden Signatur (nach dem Firmenwortlaut) angegeben. In Deutschland lässt man hier den akademischen Titel weg, in Österreich ist zumindest der Doktor-Titel noch üblich. Der Umgang mit akademischen Titeln und Amtstiteln wurde im Kapitel *Empfängerorientierung* behandelt.

In der Deutschschweiz gibt es kein *ß*, man schreibt also *Freundliche Grüsse*. In der Schweiz gilt *Freundliche Grüsse* als Standardformel, aber nicht wenige Schreibende verwenden weiterhin die alte Formel *Mit freundlichen Grüssen*. Auch in Österreich hat sich das kürzere *Freundliche Grüße* noch nicht durchgesetzt und empfiehlt sich daher (noch) als Corporate-Code-Marker für die Sprachstilkriterien modern und innovativ. Beispiel:
> *Freundliche Grüße*
> *Martina Schön*
> *Marketingleitung*

CCM 22 Postskriptum

Zwischen Unterschrift und Signatur kann ein Postskriptum (PS) angefügt werden (S. 117). Direct-Mail-Experten empfehlen das PS als werbewirksame Maßnahme, da ein PS noch vor dem eigentlichen Brieftext gelesen werde. In Direct-Mails nutzt man das PS gerne für eine Handlungsaufforderung:
> *PS: Sichern Sie Ihren Seminarplatz und melden Sie sich noch heute an!*
> *PS: Bestellen Sie rechtzeitig, damit unser Paket noch vor den Feiertagen bei Ihnen ist!*
> *PS: Haben Sie schon unsere neue Sorte Firenze gekostet?*
> *PS: Auch in diesem Jahr können Sie wieder Bonuspunkte sammeln!*

CCM 23 Siezen/Duzen

Streng genommen gehört das Thema Siezen/Duzen zu den Höflichkeitsregeln, aber das Beispiel des schwedischen Möbelkonzerns IKEA zeigt die Möglichkeit, durch ungewohntes Duzen unternehmenstypischen Sprachstil erkennbar zu machen. Ansonsten wird das Duzen eher für jugendliche Zielgruppen infrage kommen. Ein Unternehmen muss sich grundsätzlich für Siezen oder Duzen entscheiden, um konsistent aufzutreten. Es kann nicht eine Hälfte seiner Kundschaft mit *Sie* ansprechen und die andere Hälfte mit *Du*, weil Rezipienten von Werbebotschaften auch der gerade nicht gemeinten Zielgruppe angehören können. Eine Bank, die auf Plakaten ihre erwachsenen Adressaten siezt und gleichzeitig eine Werbekampagne für jugendliche Adressaten fährt, in der geduzt wird, schafft sich ein widersprüchliches Image. Nicht immer wird das Duzen konsequent durchgehalten, und es kommt zu Stilbrüchen. Auf der Startseite eines Onlineshops für Surfbretter steht im Suchfeld *Deine Suche*. Die Antwort darauf lautet: *Ihre Suche hat keine Treffer ergeben.*

Gut geeignet für eine Duz-Strategie sind Unternehmen aus den Branchen Unterhaltung, Gastronomie, Sportartikel, Reisen, Ausbildung, Mode etc.

Eine Zwischenform, die vor allem in Deutschland und in jüngerer Zeit auch bei internationalen Unternehmen mit Deutsch als Unternehmenssprache üblich ist, stellt das Siezen in Verbindung mit dem Vornamen dar. Hier wird oft vom ersten Kontakt an mit dem Vornamen angesprochen und dennoch gesiezt:
Hallo Karl, können Sie mir ein Hotel in Messenähe empfehlen?

Das Duzen folgt später, nach dem persönlichen Kennenlernen. Diese Variante kommt aus der angloamerikanischen Korrespondenz, wo sich auch unbekannte Korrespondenzpartner mit dem Vornamen ansprechen (in der Folge aber mit *you* auch keinen Unterschied zwischen *Sie* und *Du* berücksichtigen müssen). Ein Vorteil des Siezens mit Vornamen, unter Weglassung von Frau oder Herr, ist, dass man kein Problem mit fremdsprachigen exotischen Namen hat, die nicht erkennen lassen, ob es sich um eine Frau oder einen Mann handelt.
Hallo Jaswinder
(Herr oder Frau Ghotam? – Eine Inderin namens Jaswinder Ghotam)!
Hallo Grey
(Herr oder Frau Miller? – Ein Amerikaner namens Grey Miller)!

Firmenintern sollten die Mitarbeitenden selbst entscheiden, welche Kollegen sie duzen und welche sie siezen. In einigen Branchen, wie der Werbung, ist das Duzen grundsätzlich üblich, ungeachtet des Bekanntheitsgrades oder der Hierarchie.

CCM 24 Wir/ich/man

Dieser Corporate-Code-Marker legt fest, wie Autoren sich selbst bezeichnen sollen. Bei Sprachstilkriterien wie *persönlich* empfiehlt sich die erste Person Singular *(ich)*. Lautet das Sprachstilkriterium beispielsweise *Team*, bietet sich die erste Person Plural an *(wir)*:

> *Wir begrüßen Sie an Bord der Aida 1!*

Wenn die Sprachstilkriterien *Stärke* und *Sicherheit* lauten, passen die neutralen Personalpronomina *man* und *es* oder die Nennung des Firmennamens:

> *Man erwartet Sie im 6. Stock.*
> *Es gilt in diesem Fall der vereinbarte Zinssatz.*
> *Die ASFINAG ist für das hochrangige Straßennetz in Österreich verantwortlich.*

Die Entscheidung, in welcher Person geschrieben wird, kann nicht konsequent eingehalten werden. Wie immer bei Corporate Code, gilt es, eine bevorzugte Stilvariante zu definieren. Mischformen sind notwendig. Wenn man sich für das Personalpronomen ich entscheidet, ist es erlaubt und üblich, auf das neutralere *wir* zu wechseln, z. B. wenn eine unangenehme Nachricht, für die man nicht persönlich verantwortlich gemacht werden will, mitzuteilen ist:

> *Ich kann Ihren Vertrag nicht vorzeitig auflösen.*
> *Wir können Ihren Vertrag nicht vorzeitig auflösen.*

Noch distanzierter wäre es, anstelle von Personalpronomen den neutralen Firmennamen zu verwenden:

> *Die Muster GmbH kann den gegenständlichen Vertrag nicht auflösen.*

Beim letzten Beispiel wurde auch der Zusatz *Ihr* vor *Vertrag* weggelassen und durch *gegenständlichen* ersetzt, was zu einer weiteren Distanzierung führt. Diese Formulierung macht das Unternehmen zwar unpersönlicher, aber die Distanzierung entlastet den Autor. Der Satz *Ich kann Ihren Vertrag nicht vorzeitig kündigen* provoziert geradezu einen Widerspruch: „Aber warum nicht? Können Sie es nicht wenigstens versuchen?"

CCM 25 Gendern

Das Thema *Gendern* ist mit Sicherheit das umstrittenste Thema der Sprachpragmatik. Im vorangegangene Kapitel habe ich bereits darauf hingewiesen, dass die jüngere Generation Gendern als nicht mehr zeitgemäß ansieht. In der Wirtschaft ist zu beobachten, dass das Gendern nur zögernd umgesetzt wird, ja in letzter Zeit sogar zurückgeht. Auch in meinen Schreibwerkstätten beobachte ich zunehmende Ablehnung, interessanterweise gerade seitens der weiblichen Teilnehmenden und unter ihnen besonders seitens der besser qualifizierten Vertreterinnen. In der Politik, in der öffentlichen Verwaltung und in Lehre und Wissenschaft scheint sich das Gendern hingegen halten zu können. Dort gibt es auch entsprechende Vorschriften.

Non-Profit-Unternehmen, Nicht-Regierungs-Organisationen, Parteien (zumindest links von der Mitte), kirchliche Einrichtungen und öffentliche Verwaltung sollten das Thema *Gendern* ernst nehmen und in ihren Corporate Codes klare Genderregeln definieren. Das Gleiche empfiehlt sich für Interessenvertretungen, gemeinnützige Vereine und für Forschung und Lehre. Stelleninserate müssen vom Gesetz her gegendert werden.

Gewinnorientierte Unternehmen, die Genderregeln befolgen, können so glaubwürdig ihr sozial verantwortliches Image demonstrieren. Alle anderen Unternehmen sollten das Gendern nicht gänzlich negieren, sondern Anlässe definieren, in denen gegendert wird und wann nicht. Allerdings müssen hier die wenig auffälligen Umschreibungsformen gewählt werden. Verwendete man fallweise das Binnen-I, würde sein Fehlen in einem anderen Satz sofort bemerkt werden. Die Fußnote „Alle Aussagen im Text beziehen sich gleichermaßen auf Frauen wie auf Männer" wird von Frauenbeauftragten in Unternehmen üblicherweise abgelehnt. Ein modernes Unternehmen kann versuchen zu umschreiben, dort, wo es problemlos möglich ist.

Wenn ein Unternehmen vor der Entscheidung steht, wie weit gendergerechte Sprache verwendet werden soll, müssen die Sprachstilkriterien herangezogen werden, um den Corporate-Code-Marker mit der passenden Genderform zu identifizieren:

Sprachstilkriterium:	*Corporate-Code-Marker*
Feministisch, links, kritisch	*frau sagt* statt *man sagt*, ausschließlich weibliche Form
Akademisch-intellektuell	Binnen-I, *Mag^a* als weiblicher akademischer Titel
Sachlich-liberal	substantiviertes Partizip und Paarform
Traditionell-konservativ	ausschließlich männliche Form
Persönlich-partnerschaftlich	persönliche Ansprache und Umschreiben

CCM 26 Typografie und Layout

Bei diesem Corporate-Code-Marker muss auf die spezifische Situation von Korrespondenztexten in E-Mails und Postbriefen hingewiesen werden. Während die grafischen Möglichkeiten in allen anderen Medien technisch fast unbegrenzt sind, sind die typografischen Gestaltungsmöglichkeiten in den üblichen E-Mail-Programmen und Webbrowsern gering. Dort besteht die Gefahr, dass manche grafischen Formate zwar für den Absender sichtbar sind, jedoch nach der Übermittlung zum Empfänger verschwunden sind. Hingegen bleiben Binnenmajuskeln, Großschreibungen und Getrenntschreibungen von Komposita ohne Bindestrich auch in E-Mails erhalten.

Schriftart
Der wirkungsvollste Corporate-Code-Marker im Bereich Typografie ist die Schriftart. Wenn man unternehmenstypische Mails wünscht, macht es einen bedeutenden Unterschied, ob in einer Antiquaschrift, also einer Schrift mit Serifen (z. B. *Times,*) geschrieben wird oder einer Groteskschrift, also einer serifenlosen Schrift (z. B. *Arial*). Es kann aus webtechnischen Gründen passieren, dass der Absender seine Nachricht z. B. in der Schriftart *Lucida* formatiert und der Rezipient den Text in der Schriftart *Arial* sieht. Trotzdem muss im Corporate Code eine einzige zu verwendende Schriftart vorgeschrieben sein. Wenn das Unternehmen über ein professionell entwickeltes Corporate Design verfügt, ist diese Schriftart, als sogenannte *Hausschrift*, im Corporate-Design-Manual nachzulesen. Der Hausschriftstil ist in der Regel mit einer plattformübergreifenden Schriftart definiert, sodass ihre Wiedergabe auf fremden Computersystemen und mittels anderer E-Mail-Software gewährleistet ist. Auf die typografische Schreibweise der Firmennamen bin ich bereits im CCM 1 eingegangen.

Hervorhebungen
Sollen einzelne Wörter in einem Brieftext hervorgehoben werden, setzt man sie in **fettem Schriftschnitt** (engl.: bold). Andere Hervorhebungsarten sind S p e r r e n (also ein besonders großer Buchstabenabstand), *Kursiv* setzen (engl.: italic) oder Unterstreichen.

Das Sperren ist bei der Verwendung von Blocksatz gefährlich, da, als Folge von mangelhaftem Zeilenausgleich, häufig unbeabsichtigte Sperrungen entstehen. Das Unterstreichen ist aus mehreren Gründen abzulehnen: 1. Es kann, je nach Zeilenabstand, Unterlängen hässlich durchstreichen. 2. In einem Mail ist es mit einem Internetlink verwechselbar, da Links üblicherweise unterstrichen aufscheinen. Die VERSALSCHREIBUNG ist als Hervorhebung ungeeignet, da sie für Abkürzungen von Firmennamen reserviert ist (SNCF). **Hervorhebungen** müssen sparsam eingesetzt werden, da ansonsten nur ein sehr unruhiges „löchriges" Schriftbild entsteht. In postversendeten Briefen wird die **Betreffzeile** fett gesetzt.

Einige typografische Ausdrucksmöglichkeiten sind als Stilmerkmal geeignet. Sie müssen also als Corporate-Code-Marker definiert werden:

Aufzählungszeichen

Bei Aufzählungen empfehlen sich Bulletpoints oder Bindestriche (vgl. Kapitel *Verständlichkeit*), da sie für eine klare Gliederung sorgen.

Die hier beschriebenen Regeln und Konventionen für E-Mails lassen beim Corporate Code nur wenig Spielraum für unternehmenstypische Stilvarianten – ganz im Gegensatz zu professionell gestalteten, gedruckten Werbemitteln, wo sich die ganze Palette grafischer Gestaltungsmöglichkeiten anbietet.

Totale Kleinschreibung

Lauten die Sprachstilkriterien *Avantgarde, Kreativität* und *Individualismus*, ist die konsequente Kleinschreibung ein geeigneter Corporate-Code-Marker. Vor allem Architekten und Designer schätzen dieses typografische Stilmittel. Auch als Marker für die Stilkriterien *Jugendlichkeit* oder *Digital Communication* kann totale Kleinschreibung wirken. Auf die schlechte Lesbarkeit der totalen Kleinschreibung bin ich im Kapitel *Verständlichkeit* (S. 50) eingegangen.

CCM 27 Interpunktion

Der Einsatz von Doppelpunkten, Ausrufezeichen und Fragezeichen kann als Corporate-Code-Marker dienen (wenn auch mit relativ niedrigem Corporate-Code-Faktor). Diese Satzzeichen eignen sich, wenn das Sprachstilkriterium *Dialogbereitschaft* umgesetzt werden soll, da sie die direkte Rede signalisieren. Die indirekte Rede ist ein Zeichen für Distanz und Objektivität, während die direkte Rede Nähe, Unmittelbarkeit und Dynamik ausdrückt. Doppelpunkte, Ausrufezeichen und Fragezeichen dürfen aber nur sparsam eingesetzt werden. Ähnlich wie Hervorhebungen im Text, wirkt ein zu dichter Einsatz dieser Satzzeichen marktschreierisch. Es empfiehlt sich, pro Absatz nur ein Fragezeichen und nur ein Ausrufezeichen einzusetzen.

Nur Punkte und Kommas	*Doppelpunkt, Fragezeichen, Rufzeichen*
Wenn Sie Ihre Bestellung bereits am nächsten Werktag empfangen möchten,	*Möchten Sie Ihre Bestellung bereits am nächsten Werktag empfangen?*

wählen Sie bitte die Option „Quicky".	*Wählen Sie die Option „Quicky"!*
*Für weitere Informationen wenden Sie sich bitte an unsere Helpline.	*Haben Sie noch Fragen? Unsere Helpline hilft Ihnen weiter!*
Es wird Ihnen vermutlich Freude machen, dass wir nur biologische Zutaten verwenden.	*Das wird Ihnen Freude machen: Wir verwenden nur biologische Zutaten!*

Auch Anführungszeichen können den Schreibstil beeinflussen. Normalerweise werden sie für Zitate verwendet, doch man kann mit ihnen auch Distanz und Verachtung ausdrücken:

Ohne Anführungszeichen	***Mit Anführungszeichen***
Es empfiehlt sich, sogenannte Okkasionen zu vermeiden.	*Vermeiden Sie „Okkasionen".*
Die angeblich fairen Konditionen unserer Mitbewerber …	*Die „fairen" Konditionen der Konkurrenz …*

Emoticons

Emoticons sind die in Mails und SMS beliebten Icons, die aus Satzzeichen generiert werden. Ihren Erfolg verdanken sie der Schnelligkeit und Kürze, in denen man mit ihrer Hilfe eine persönliche Empfindung ausdrücken kann. Statt zu schreiben *Das macht mich glücklich*, tippt man verkürzt *:-)*. Emoticons kommen aus der Privatkorrespondenz und werden in der Geschäftskorrespondenz seltener verwendet. Wenn die Sprachstilebene unter geschäftlichen Korrespondenzpartnern *freundlich* oder gar *vertraut* lautet, wirken sie nicht deplatziert. Ansonsten bieten sie sich als Corporate-Code-Marker an, wenn die Sprachstilkriterien *Persönliche Nähe, Herzlichkeit* und *Privatheit* umgesetzt werden sollen. Auch zum Einsatz von Jugendsprache (CCM 8) passen Emoticons.

Bitte entschuldigen Sie die verspätete Lieferung.	*Die verspätete Lieferung tut uns echt leid :-(*
Vielen Dank für Ihre schnelle Antwort!	*Super, Ihre schnelle Antwort :-)*

5. Umsetzung in die Praxis

In den vorangegangenen Kapiteln habe ich die Rolle des Corporate Codes in der Corporate Identity beschrieben und Sie haben die drei Elemente vom Corporate Code kennengelernt: Verständlichkeit, Empfängerorientierung und Erkennbarkeit. Mit den Corporate-Code-Markern habe ich ein Instrument vorgestellt, mit dessen Hilfe Sie in einem Unternehmenstext die einzelnen Merkmale eines unternehmenstypischen Sprachstils beschreiben können. In diesem Kapitel zeige ich, wie Unternehmen ihre Corporate-Code-Marker finden können und wie sie ihren Corporate Code im Unternehmensalltag einführen können.

Integrierte Kommunikation

Integrierte Kommunikation bedeutet, alle Kommunikate eines Unternehmens inhaltlich und formal aufeinander abzustimmen, um ein einheitliches und konsistentes Bild abzugeben. Corporate Code gilt daher für alle Unternehmenstexte, egal ob auf Verpackungen, in klassischer Werbung, Presseinformationen, digitalen Medien, Gebrauchsanweisungen oder Brieftexten.

> *„Damit (...) die Sprache ihre Wirkung entfalten kann, sollte die definierte Corporate Language die Grundlage aller wesentlichen Kommunikationshandlungen bilden. Eine Corporate Language soll die Kommunikatoren einer Unternehmung aber weder in ein Sprachkorsett zwingen noch ihre sprachliche Kreativität einschränken oder durch rigide Regeln (mit Ausnahme von Terminologie/Naming) im Umgang mit der Sprache demotivieren. Sie soll Kommunikatoren für wichtige Kommunikationssituationen durch sprachliche Leitplanken eine Orientierungshilfe im Berufsalltag bieten, muss dabei aber unbedingt genügend Raum für den individuellen Umgang mit der Sprache lassen. Dadurch kann eine Unternehmung ein gewünschtes Sprachverhalten in der Kommunikation gezielt fördern und weiterentwickeln"* (Boenigk, Michael und Dopf, Margarethe in: „Werbekommunikation aus betriebswirtschaftlicher Sicht II: Der Ansatz der Integrierten Kommunikation und seine Erweiterungen", in: Janich, S. 437–462, hier: S. 460).

Boenigk und Dopf nennen, in Anlehnung an Hans-Peter Förster, sechs Grundsätze
für die Umsetzung:
- Stützung durch die Unternehmensleitung
- Bezugsgruppenorientierung
- Medienvorbereitung
- Kulturorientierung
- Schulungen und Kontrolle (vgl. ebd.)

Internal Branding

Die Zahl der intangiblen (nicht materiell greifbaren) Dienstleistungen ist stark im
Steigen begriffen. Im Finanzdienstleistungssektor wird Personal abgebaut und werden
Filialen geschlossen, der Point of Sale mit der persönlichen Beratung verliert an Bedeutung. Die Berührungspunkte (Touchpoints) zwischen Dienstleistungsunternehmen und deren Kunden finden sich fast nur mehr in der Korrespondenz. Ansonsten
beschränkt sich das Markenerlebnis der Dienstleistungskunden auf Werbe- und PR-
Maßnahmen. Ein entsprechender Trend lässt sich auch im Handel beobachten: Immer
mehr Artikel werden über das Internet gekauft und von Botendiensten geliefert. Das
Markenerlebnis reduziert sich dort auf Website, Bestätigungsmail, Statusmail und Ver-
sandpaket sowie allenfalls auf eine Telefon-Hotline. Im Handel und bei den Dienstleistungsunternehmen (vor allem bei den Finanzdienstleistern) wird die gesprochene
und geschriebene Sprache des Personals zum bedeutenden Erfolgsfaktor für jedes Unternehmen. Internal Branding trägt dazu bei, die Mitarbeitenden für ihre Marke zu
begeistern (Brand Commitment). Alle Mitarbeitenden sollen zu Markenbotschaftern
ihres Unternehmens (Brand Ambassadors) werden. Um ein widerspruchsfreies Bild
nach außen abzugeben, genügt es nicht, sich auf die klassischen Werbemedien zu verlassen. Jeder einzelne Mitarbeiter trägt mit seinen Telefonaten, Mails und Briefen zum
Kommunikationserfolg bei.

Dazu benötigt das Internal Branding interne Public-Relations-Maßnahmen. Deren Kommunikationskanäle sind Intranet, Schwarzes Brett, Infoscreen, Poster, Rundschreiben und Mitarbeiterzeitung. Die Instrumente der internen Public Relations sind
Incentives, Wettbewerbe, Kick-off- und weitere Events sowie Schulungen. Schreibwerkstätten bieten die Möglichkeit zum Üben, und Handbücher leiten die Mitarbeitenden an, im gewünschten Sprachstil zu formulieren. Dazu bedarf es einer entsprechenden Unternehmenskultur:

„Die Existenz eines Normenkataloges allein wird nicht zu verbessertem Kom-
munikationsverhalten führen, sondern ist abhängig von der Implementierung

des Kataloges im Unternehmen innerhalb eines umfassenden Programmes, das die Wichtigkeit der Beachtung erläutert und den Umgang mit den Normen (entspricht unseren Corporate-Code-Markern, Anm. d. A.) einübt. Außerdem muss die Unternehmenskultur den Normenkatalog in der Weise unterstützen, dass einmal notwendige Ressourcen (...) bereitgestellt werden. Ferner muss ein Klima geschaffen werden, das die Beachtung der kommunikativen Normen als außerordentlich wichtig für den Unternehmenserfolg und den Erfolg des Einzelnen begreift und so die notwendige Motivation für ein Umdenken schafft" (Sauer 2002: S. 155).

Change Management

Beim Corporate-Code-Prozess handelt es sich um einen klassischen Change-Prozess, mit dessen Hilfe in einer Organisation Prozesse und Verhaltensweisen (hier das Sprechen und Schreiben) bereichsübergreifend verändert werden sollen.

Phasen des Veränderungsprozesses nach John P. Kotter:
– Gefühl der Dringlichkeit vermitteln
– Führungskoalition aufbauen
– Vision und Strategie entwickeln
– Vision kommunizieren
– Hindernisse aus dem Weg räumen
– Kurzfristige Erfolge sichtbar machen
– Veränderung weiter antreiben, nicht nachlassen
– Veränderungen in der (Unternehmens-)Kultur verankern
(http://de.wikipedia.org/wiki/Veränderungsmanagement, am 24.07.2014)

Dialogpartner

Vielen Mitarbeitenden fällt die Umstellung auf einen neuen Sprachstil schwer, denn sie schreiben seit vielen Jahren dieselben Floskeln und verwenden, in ihren Augen, bestens bewährte Textbausteine und Musterbriefe. Wenn Corporate Code nicht umfassend und sorgfältig kommuniziert und geschult wurde, kann es für erst seit Kurzem Beschäftigte schwierig sein, den neuen Sprachstil anzuwenden. Dann stoßen sie nämlich auf den Widerstand ihrer älteren Kolleginnen und Kollegen oder, im schlimmsten Fall, ihrer Abteilungsleitung. Corporate Code erfordert ein bedingungsloses Commitment der obersten Führung. Ohne die persönliche Überzeugung aller Mitglieder des Vorstands bzw. der Geschäftsleitung lässt sich Corporate Code nicht umsetzen. Sie ist die Voraussetzung für Unterstützung und Rückhalt durch die Abteilungsleitung.

Muss das gesamte Personal informiert und geschult werden? Im Vordergrund stehen natürlich diejenigen Mitarbeitenden eines Unternehmens, die regelmäßig schriftlich oder telefonisch mit Kunden kommunizieren. Des Weiteren müssen alle Mitarbeitenden geschult werden, die mit den übrigen Stakeholdern kommunizieren. Auch ihnen muss der Mehrwert von verständlicheren Texten vermittelt werden. Dabei gilt es zu beachten, dass Corporate Code notwendigerweise auch für die interne Kommunikation gilt, wofür eigene Sprachstilebenen zur Verfügung stehen.

Corporate Code funktioniert top-down: Zuerst muss die obere Führungsebene geschult werden, danach die mittlere Führungsebene, zeitgleich mit den zugehörigen Abteilungen. Vorgesetzte müssen jederzeit verunsicherten Mitarbeitenden Halt geben können.

Üblicherweise werden in Change-Prozessen externe Beratungsagenturen hinzugezogen. Gerade für eine Kulturrevolution, wie sie Corporate Code darstellt, ist es ratsam, sich des neutralen Blicks von außen zu versichern. Hinzu kommt die Notwendigkeit fundierten psycho- und sozilinguistischen Wissens, gepaart mit Branding-Know-how, einer Kombination, die in der Regel nur entsprechende externe Spezialisten bieten können (s. Abb. 5.1).

Abb. 5.1: Projektgruppen im Corporate-Code-Prozess

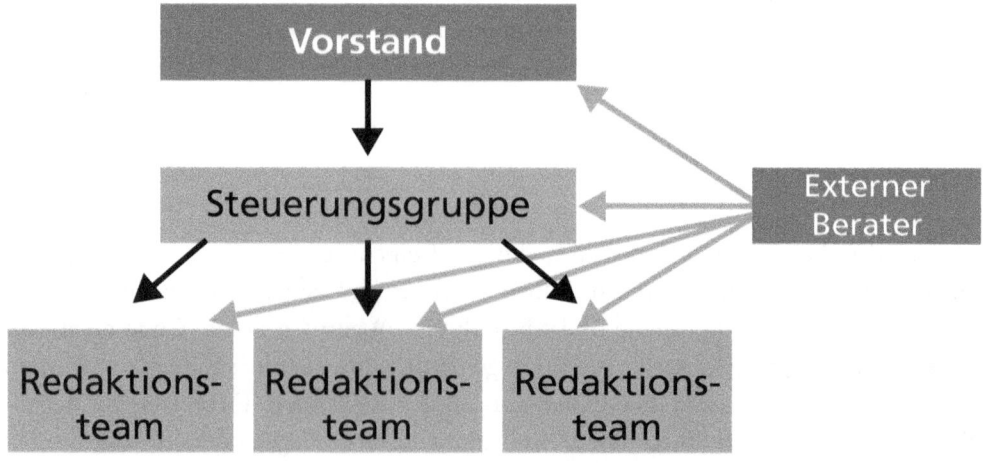

Quelle: Eigene Darstellung

Corporate-Code-Prozess

Corporate Code kann nicht über Nacht verordnet werden. Er muss professionell vorbreitet, eingeführt, weiterentwickelt und kontrolliert werden.

Zeitrahmen

Dazu bedarf es entsprechender zeitlicher und budgetärer Mittel. Abhängig von ihrer Größe, beträgt für Produktionsbetriebe der erforderliche Zeitbedarf, von der ersten Vorbereitung bis zur flächendeckenden Implementierung, zwischen sechs Monaten und einem Jahr. Ein bis drei Jahre sind für große Dienstleistungsunternehmen und Behörden erforderlich. Dort ist die Anzahl der zu schulenden Personen besonders groß. Der Aufwand lohnt sich, weil deren Leistung für die Stakeholder hauptsächlich in Briefen und E-Mails sichtbar wird.

Der Zeitbedarf für die Vorbereitungs-, Analyse- und Definitionsphase ist, unabhängig von der Unternehmensgröße, annähernd gleich. Am längsten dauert die Implementierungsphase mit den Schreibwerkstätten für das Personal. Hierauf hat die Unternehmensgröße wiederum großen Einfluss (s. Abb. 5.2).

Abb. 5.2: Die sechs Phasen des Corporate-Code-Prozesses

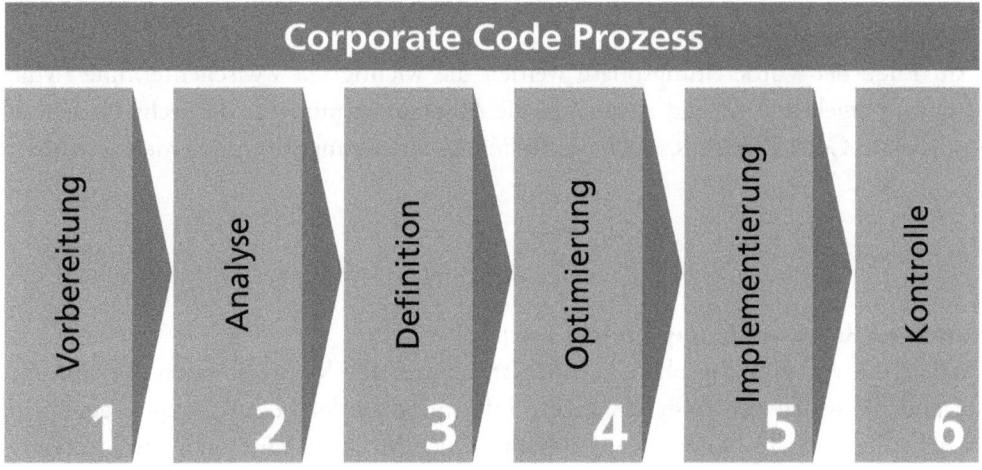

Quelle: Eigene Darstellung

Vorbereitungsphase

Beauftragung Change Agent und externer Partner

Hausintern muss es einen sogenannten Change Agent geben, der für die Umsetzung verantwortlich ist. Dieser Change Agent ist idealerweise die Leiterin oder der Leiter der Betriebsorganisation, aber auch die Marketingleitung, die Corporate-Communications-Leitung oder, bei kleineren Unternehmen die Geschäftsleitung selbst. Auch die Personalleitung (Human Relations) könnte die Umsetzung leiten. Eine externe Beratungsagentur wird in dieser Phase beauftragt.

Zusammenstellung der Steuerungsgruppe

Der Change Agent muss eine Steuerungsgruppe aus den wichtigsten Personen der oberen und mittleren Führungsebene zusammenstellen. Diese Steuerungsgruppe trifft sich vor allem zu Beginn des Prozesses mehrmals. Sie definiert, gemeinsam mit dem Change Agent und dem externen Berater, die Rahmenrichtlinien für den Corporate Code: Stilebene, Sprachstilkriterien und den Katalog der Corporate-Code-Marker.

Auswahl der CI-Unterlagen für die Definition der Sprachstilkriterien

Im Idealfall verfügt das Unternehmen über ein gültiges Leitbild. Manchmal trägt es auch andere Titel wie *Mission Statement, Corporate Mission, Vision* oder *Leistungsversprechen* (obwohl diese Begriffe nur Teilbereiche eines Leitbilds darstellen). Wie im Abschnitt *Sprachstilkriterien* (S. 143) erwähnt, können auch andere normative Texte, z. B. Markenpositionierung, Führungsrichtlinien, Positionspapiere oder Strategiepapiere, als Ausgangsmaterial für die Sprachstilkriterien dienen.

Milestones und Zeitplan

Am Ende der Vorbereitungsphase werden die wichtigsten Zwischentermine (Milestones) festgelegt. Das sind zumindest die Abschlusstermine für die sechs Phasen des Corporate-Code-Prozesses. Auch die Treffen der Steuerungsgruppe werden vereinbart.

Analysephase

Interne PR: Ankündigung Projekt Corporate Code

Sobald die Vorbereitungsphase beendet ist, müssen alle Mitarbeitenden über die Ziele und die geplanten Zwischenschritte informiert werden. Der Change Agent wird vorgestellt, und der Nutzen von Corporate Code für jeden Einzelnen wird gezeigt, z. B. anhand von Vorher-Nachher-Beispielen. Geeignete Medien hierzu sind Vorstandsrundschreiben, Mitarbeiterzeitung und interner Newsletter.

Analyse der CI-Unterlagen

Im Leitbild und in anderen normativen Texten identifiziert die Steuerungsgruppe, gemeinsam mit dem externen Berater, diejenigen Leitsätze und Aussagen, welche relevant für den Sprachstil sind.

Kick-off-Veranstaltung für Führungskräfte

Vorstand, Change Agent und externer Berater stellen den Führungskräften das Projekt *Corporate Code* vor. Sie beschreiben den Mehrwert, den das Unternehmen und die einzelnen Abteilungen durch Corporate Code gewinnen und motivieren die Abteilungsleiter, den Prozess aktiv zu unterstützen.

Zusammenstellung eines Musterkorpus

Zwar müssen am Ende des Corporate-Code-Prozesses sämtliche Textsorten, die im Unternehmen zum Einsatz kommen, optimiert werden, aber zunächst gilt es, eine repräsentative Auswahl an Textsorten zu bestimmen. Dieser Musterkorpus dient dazu, prototypische Probleme aller Abteilungen aufzuzeigen und dann exemplarisch zu optimieren. Die Abteilungsleiter werden eingeladen, zu diesem Zweck typische und besonders problematische Textsorten auszuwählen. Der Musterkorpus wird an den externen Berater zur Optimierung weitergeleitet.

Briefvorlagen und Textbausteine (Templates) tragen in den meisten Unternehmen Bezeichnungen, die von Abteilung zu Abteilung nach unterschiedlichen Kriterien gewählt worden sind. Es erleichtert den Corporate-Code-Prozess, wenn die Dokumente des Textkorpus einer logischen Nomenklatur folgen. Dasselbe gilt für die Systematik der Betreffzeilen in Briefen und Mails. Wenn es möglich ist, sollten die Dokumentennamen des Musterkorpus nach einem einheitlichen, logisch aufgebauten System formuliert werden. Gute Betreffzeilen sind ein wichtiger Faktor der Empfängerorientierung (S. 124) und deshalb ebenfalls Bestandteil des Optimierungsprozesses.

Definitionsphase

Festlegen der prinzipiellen Sprachstilebene

Die Steuerungsgruppe leitet aus den CI-Unterlagen die prinzipielle *Sprachstilebene* (S. 141) ab.

Formulieren der Sprachstilkriterien

Steuerungsgruppe, Change Agent und externer Berater definieren gemeinsam die *Sprachstilkriterien* (S. 143).

Festlegen der Corporate-Code-Marker

Der externe Berater findet und formuliert die für das Unternehmen gültigen *Corporate-Code-Marker* (S. 150). Sie werden von der Steuerungsgruppe und dem Vorstand genehmigt.

Festlegung der Erfolgskontrolle

Der nach Optimierung der Textsorten zu erzielende Hohenheimer Verständlichkeitsindex (S. 52) wird festgelegt (Benchmark). Geprüft werden kann der Verständlickeitsindex mittels Spezialsoftware. Weitere Agenten, Methoden und Termine werden für die Erfolgskontrolle festgelegt. Die möglichen Methoden sind:

– Feedbackbögen der Teilnehmenden von Schreibwerkstätten
– Mitarbeiterbefragungen
– Verständlichkeits-Benchmark
– Kundenbefragungen
– Mystery Calls und Mystery Mails

Optimierungsphase

Optimierung des Musterkorpus durch Linguisten und Lektorat

Die Sprachexperten der externen Beratungsagentur optimieren alle Textsorten des Musterkorpus gemäß den Sprachstilkriterien und unter Berücksichtigung der Corporate-Code-Marker. Dabei kann es zu Unklarheiten inhaltlicher Natur kommen, schließlich verfügen externe Berater nicht über alle branchenspezifischen Detailkenntnisse. Um inhaltliche Fragen zu klären, können die Sprachexperten auf kurzem Wege Rücksprache mit den einzelnen Fachabteilungen halten. Hierzu werden in jeder Abteilung Kontaktpersonen bestimmt.

Ursprungstext und optimierter Text werden jeweils im selben Word-File gesichert, um einfachen Vergleich zu ermöglichen. Damit sich dieses Vorher-Nachher-Dokument vom Ursprungsdokument unterscheidet, wird der Dokumentenname um ein entsprechendes Kürzel erweitert. Die optimierten Texte werden noch einem Lektorat unterzogen.

Prüfung und Feedback durch die Steuerungsgruppe

Die optimierten Texte des Musterkorpus sind empfängerorientiert und unternehmenstypisch. Sie erzielen den Benchmark für Verständlichkeit, wobei sie ihn erfahrungsgemäß weit übertreffen. Nun kann die Steuerungsgruppe sie genehmigen.

Korrekturwünsche der Abteilungsleiter

Die Steuerungsgruppe übergibt die optimierten und von ihr freigegebenen Vorher-Nachher-Dokumente an die zuständigen Abteilungsleiter (sofern diese nicht bereits Mitglieder der Steuerungsgruppe sind). Die Abteilungsleitung meldet etwaige Korrekturwünsche an die Beratungsagentur.

Korrigieren der optimierten Texte

Die Beratungsagentur führt die gewünschten Korrekturen, wiederum unter Beachtung sämtlicher Corporate-Code-Marker und Sprachstilkriterien, durch.

Freigabe des Musterkorpus durch die Abteilungsleiter

Die optimierten und korrigierten Texte werden der Abteilungsleitung (bzw. der Rechtsabteilung) zur Freigabe vorgelegt. Nach erfolgter Freigabe können diese Texte sofort in der täglichen Schreibpraxis verwendet werden. In der anschließenden Implementierungsphase dienen sie als Vorlage und Orientierung für die Redaktionsteams in den verschiedenen Abteilungen.

Interne PR: Bericht über Projektfortschritt, Vorstellung der Beteiligten

Im Laufe der Optimierungsphase wird über den Projektfortschritt berichtet und die Beteiligten werden vorgestellt. Mittels interner PR werden Interviews und Vorher-Nachher-Beispiele publiziert. Medien dafür sind wiederum Intranet und Mitarbeiterzeitung. Die Berichterstattung soll auch zum Besuch der Schreibwerkstätten motivieren.

Implementierungsphase

Entwicklung Handbuch

Nach Beendigung der Optimierungsphase entwickelt die externe Beratungsagentur ein Corporate-Code-Handbuch. Darin werden die Verständlichkeitsregeln, die Regeln zur Empfängerorientierung, die Sprachstilebene, die Sprachstilkriterien und die Corporate-Code-Marker publiziert. Dieses Nachschlagewerk enthält zu jedem Thema passende Vorher-Nachher-Beispiele.

Freigabe und Produktion Handbuch

Die Steuerungsgruppe gibt das Corporate-Code-Handbuch frei. Seiner Bedeutung entsprechend wird dieses Nachschlagewerk in klassischer Druckform produziert. Ich empfehle die Form einer Ringmappe, weil hier einfacher Seiten ausgetauscht oder ergänzt werden können. Im Intranet ist eine animierte PDF- oder HTML-Version des Handbuchs abrufbar.

Produktion von Werbemitteln für das Internal Branding
Zur Information und Motivation des Personals begleiten diverse Werbemittel die Implementierungsphase, z. B.:
- Mousepads mit den Regeln für Verständlichkeit und Empfängerorientierung
- Poster mit den Corporate-Code-Markern
- Poster, die für den Besuch der Schreibwerkstätten werben
- Haftnotizblöcke, Autoaufkleber und T-Shirts mit Schriftzug, Aktionslogo oder Motto des Corporate-Code-Prozesses
- Einladungskarte zur Kick-off-Veranstaltung

Interne PR: Kick-off-Veranstaltung
Höhepunkt der Motivationsmaßnahmen ist die Kick-off-Veranstaltung. Ob alle Mitarbeitenden eingeladen werden oder nur bestimmte Kreise, muss für jedes Unternehmen individuell erwogen werden. Die Kick-off-Veranstaltung muss in einem besonderen Rahmen und außerhalb des Unternehmens stattfinden. Als Location eignen sich Objekte, die mit Innovation assoziiert werden, z. B. ein neu errichtetes Sportstadion oder Veranstaltungszentrum. Auch Gebäude, die mit Sprache in Verbindung gebracht werden, wären geeignet, z. B. ein Rundfunksendesaal oder ein repräsentativer Rahmen, wie die Wiener Nationalbibliothek, eine Stiftsbibliothek oder ein bedeutendes Theatergebäude.

Bei der Kick-off-Veranstaltung bekennt sich der Vorstand bzw. die Geschäftsleitung zum Corporate Code und zeigt seinen Stellenwert in der gesamten Firmenstrategie. Man appelliert an die Belegschaft, die Schreibwerkstätten zu besuchen und den Corporate Code zu befolgen. Die Kick-off-Veranstaltung sollte sich nicht nur auf eine Ansprache mit anschließendem kaltem Buffet beschränken, sondern breiter angelegt werden. In der Event-Management-Literatur finden Sie zahlreiche Beispiele für Spiele und Aktivitäten, mit deren Hilfe Sie Inhalte unterhaltsam und nachhaltig vermitteln können. Auch Kabarett- oder Showdarbietungen sind geeignete Vermittlungsformen. Event-Agenturen wickeln solche Kick-off-Veranstaltungen professionell ab. Zum Abschluss erhalten die Teilnehmenden Werbegeschenke.

Sondernummer Mitarbeiterzeitung
In der Folge sollte eine Sondernummer der Mitarbeiterzeitung zum Corporate Code erscheinen. Wenn der Kick-off-Event von einer professionellen Videoproduktion mitgefilmt wurde, kann der Clip auf der Website und bei Youtube veröffentlicht werden.

Incentives

Die weitere Sensibilisierung für das Thema *Sprachstil und Unternehmensidentität* kann auch durch Wettbewerbe und Preisausschreiben gefördert werden.

Einrichtung Corporate-Code-Verantwortliche/r

Die Mitarbeitenden können sich in allen Umsetzungsfragen des Corporate Codes an eine Kollegin oder einen Kollegen wenden. Diese Person (Peer) wird speziell geschult und ist telefonisch und per Mail, oder auch persönlich, für alle erreichbar. Sie nimmt an allen Redaktionssitzungen der Fachabteilungen teil.

Durchführung der Schreibwerkstätten

Die Teilnehmenden der Schreibwerkstätten werden in der Einladung aufgefordert, dem Change Agent Textbeispiele aus ihrem Arbeitsalltag zu schicken. Diese werden gesammelt und an den externen Berater weitergeleitet. Er bringt die jeweilige Auswahl auf USB-Sticks in die Schreibwerkstatt, wo sie, unter Mithilfe des Beraters, in Gruppen auf bereitgestellten Laptops bearbeitet werden kann. Die Seiten des Corporate-Code-Handbuchs werden vom externen Berater auf Vortragsfolien umgearbeitet und mit Übungsbeispielen ergänzt.

Es haben sich zweitägige Trainings bewährt. Am ersten Tag werden die Zusammenhänge zwischen der Unternehmensidentität und dem Sprachstil des Unternehmens dargestellt. Die Regeln für Verständlichkeit und Empfängerorientierung werden anhand vieler Beispiele erklärt und ein Vortrag über die neue deutsche Rechtschreibung nimmt die Angst davor. Am zweiten Tag haben die Teilnehmenden die Gelegenheit, in Gruppen das Gelernte einzuüben.

Die Zahl der Teilnehmenden pro Training ist begrenzt, um wirkungsvoll schulen zu können. Passende Gruppengrößen sind 12 bis maximal 15 Teilnehmende. So ist Gruppenarbeit in Teams zu jeweils drei Mitgliedern möglich. Der externe Berater geht als Coach unterstützend von Gruppe zu Gruppe. Die Unmöglichkeit, ganze Abteilungen für zwei Tage zu schließen, damit das Personal die Schreibwerkstätten besuchen kann, bringt abteilungsübergreifende Gruppenkompositionen. Auch wenn in Folge dieser ungleichen Zusammenstellung manche Teilnehmende „fremde" Texte bearbeiten müssen, stellt das kein Hindernis dar. Ganz im Gegenteil, kann der Blick von außen neue Erkenntnisse bringen. Die Ergebnisse der Gruppenarbeiten werden noch in der Schreibwerkstatt gemeinsam und gruppenübergreifend vorgestellt und diskutiert. Die optimierten Endfassungen werden den zugehörigen Abteilungsleitern übermittelt, die sie in ihren Redaktionsteams verwenden können.

Ein nützlicher Nebeneffekt der Schreibwerkstätten ist die Tatsache, dass manchmal, im Laufe der gemeinsamen Optimierungstätigkeit, grundsätzliche Fragen über die Aktualität, Richtigkeit und Notwendigkeit einzelner Texte diskutiert wird. So gibt die Optimierungsarbeit den Anstoß, überholte Textpassagen zu streichen und mitunter sogar Betriebsabläufe zu verbessern.

Schreibwerkstätten können in hausinternen Schulungsräumen abgehalten werden. Für Kaffeepausen, oder wenn die Mittagsmahlzeiten nicht in einem eigenen Firmenrestaurant eingenommen werden können, ist ein Catering vor Ort empfehlenswert.

Einrichtung von Redaktionsteams in allen Abteilungen
In der Analysephase ist nur eine Auswahl von Texten als Musterkorpus optimiert worden. Weitere Texte sind seit Beginn der Implementierungsphase von den Teilnehmenden der Schreibwerkstätten bearbeitet worden. So ergibt es sich, dass für ein und dieselbe Textsorte manchmal mehrere Optimierungsvarianten gleichzeitig vorliegen. Aus den in den Schreibwerkstätten optimierten Texten und aus den Musterkorpustexten müssen in den jeweiligen Abteilungen optimierte Endfassungen erstellt werden. Auch muss nun noch die große Zahl aller übrigen Texte bearbeitet werden. Dafür wird in jeder Abteilung ein Redaktionsteam gebildet. Die Mitglieder der Redaktionsteams haben bereits eine Schreibwerkstatt absolviert und können ihr dort erworbenes und geübtes Wissen einbringen. Auch mit dem Corporate-Code-Handbuch und den Analyse-Tools sind sie bereits vertraut.

Externe PR
Gegen Ende der Implementierungsphase kann mit externen PR-Maßnahmen begonnen werden. Neben der klassischen Presseinformation bieten sich Kundenzeitschrift, Internet und Newsletter an, um die Stakeholder über das erfolgreiche Corporate-Code-Projekt zu informieren. Über das Internet oder Direct Mails können Kunden zu Preisausschreiben eingeladen werden, bei denen z. B. das Auffinden von schwer verständlichen Textpassagen in den Unternehmenstexten mit einem Geldpreis oder einem Warengutschein belohnt wird.

Kontrollphase

Feedback Schreibwerkstätten
Bereits in der Implementierungsphase haben die Teilnehmenden die Schreibwerkstätten und den externen Berater beurteilt. So können die Schreibwerkstätten optimal auf

die Bedürfnisse der Mitarbeitenden abgestimmt werden.

Benchmark Verständlichkeitsindex

Die Wirksamkeit von Corporate Code lässt sich durch Befragungen von Mitarbeitenden und von Rezipienten informativ erkunden, aber kaum wirklich messen. Eine Ausnahme bildet die Verständlichkeit. Sie lässt sich mit entsprechender Software objektiv überprüfen. Hierbei wird z. B. ein Wert des Hohenheimer Verständlichkeitsindex als Benchmark festgelegt (S. 52). Von Zeit zu Zeit kann mit einem Testkorpus aus aktuell produzierten Texten einer Abteilung überprüft werden, ob der Benchmark erzielt worden ist. Bei Benchmark-Unterschreitungen können Nachschulungen angeboten werden.

Mitarbeiterbefragung

Spätestens wenn alle Mitarbeitenden in den Schreibwerkstätten geschult worden sind, sollten man sie nach den Auswirkungen des Corporate Codes auf ihren Arbeitsalltag befragen. Bei größeren Unternehmen ist es allerdings sinnvoll, die Befragung bereits zur Halbzeit der Implementierung durchzuführen. Gefragt wird nach:
- Erinnerungen an Inhalte der Schulungen
- Auswirkungen der Maßnahmen auf die Schreibpraxis
- Auswirkungen der Maßnahmen auf Rückfragen, Reklamationen und Missverständnisse
- Praktikabilität der angebotenen Hilfsmittel und getroffenen Maßnahmen
- Feedback von Kunden, Lieferanten, sonstigen Dialogpartnern

Für die Befragung der Mitarbeitenden eignen sich alle gängigen Marktforschungsinstrumente, je nach Umfang des Samples. Zu entscheiden ist auch, ob die Teilnahme an der Befragung freiwillig, mit Incentives gefördert oder verpflichtend ist. Auch die oder der Corporate-Code-Beauftragte kann Auskunft geben, wo der Schuh drückt, da sie oder er täglich mit praktischen Umsetzungsfragen des Corporate Codes konfrontiert ist.

Kundenbefragung

Kunden, Lieferanten und sonstige Partner werden befragt, ob und wenn ja, welche Veränderungen sie in der Unternehmenssprache wahrgenommen haben und wie sie diese Veränderungen beurteilen. Als Befragungsinstrument bieten sich hier Telefoninterviews an. Für Onlinekunden oder Bezieher von Newslettern sind Onlinebefragungen ganz besonders geeignet. Die Teilnahme kann auch hier mit Incentives oder Gewinnspielen belohnt werden.

Mystery Calls und Mystery Mails

Um die Einhaltung des Corporate Codes zu überprüfen, eignen sich Mystery Calls und Mystery Mails. Sie können hausintern, von der Beratungsagentur oder einem Marktforschungsunternehmen durchgeführt werden. Die so erhaltenen Antworten können mittels Verständlichkeitssoftware auf die Erzielung des Index-Benchmarks überprüft werden.

Follow-up-Schreibwerkstätten

Circa ein halbes bis ein Jahr nach dem Besuch einer Schreibwerkstatt sollten die Teilnehmenden eine Einladung zur Auffrischung erhalten. Diese Follow-up-Schreibwerkstätten dauern nur mehr einen Tag, und ihr Schwerpunkt liegt in praktischen Übungen. Auch harte Nüsse aus den Redeaktionsteams können hier gemeinsam geknackt werden.

Aktualisierung

Die Kontrollphase beendet den Corporate-Code-Prozess nicht, denn die Ergebnisse aus Kunden- und Mitarbeiterbefragungen und die täglichen praktischen Erfahrungen mit dem Corporate Code müssen in eine erneute Optimierungsphase einfließen. Spätestens alle drei Jahre sollte das Corporate-Code-Handbuch überprüft und aktualisiert werden. Bei Online-Handbüchern bietet sich die laufende Aktualisierung an.

6. Fallstudie D.A.S. Rechtsschutz AG

Die D.A.S. Österreich

Die österreichische D.A.S. Rechtsschutz AG (s. Abb. 6.1) ist Mitglied der internationalen D.A.S. Organisation und ein Unternehmen der ERGO Versicherungsgruppe. Seit 1956 berät und vertritt die D.A.S. Privatpersonen und Unternehmen im Bereich Rechtsschutz. Die D.A.S. Österreich ist Marktführer in der Sparte Firmenrechtsschutz und ist bis heute maßgeblich an der Entwicklung des Rechtsschutzes in Österreich beteiligt. Daher lautet der Claim von D.A.S. Österreich: „Der führende Spezialist im Rechtsschutz".

Abb. 6.1: Das Logo der D.A.S.

In der D.A.S. Österreich arbeiten über 400 Menschen in 13 Abteilungen:
- RechtsService
- Vertrieb
- Vertrags- und ProduktService
- Rechnungswesen
- PersonalService
- Informatik und Verwaltung
- BildungsService Vertrieb
- Betriebsorganisation
- Corporate Design und Werbung
- Recht, Compliance & Anti Fraud
- Unternehmenskommunikation

Alle Mitarbeitenden dieser Abteilungen kommunizieren untereinander, die meisten davon auch mit Kunden, Vertriebspartnern, Lieferanten und anderen Stakeholdern. Durchschnittlich werden an einem Montag (das ist der stärkste Wochentag) 6400 Mails versendet. Empfangen werden die meisten Mails, durchschnittlich 7200, mittwochs. Mails prägen durch ihren Sprachstil wesentlich das Image der D.A.S. in Österreich.

Die Zentrale der D.A.S. Österreich befindet sich in Wien. An mehreren Standorten in ganz Österreich wird persönliche Beratung angeboten. Der Großteil an Beratungsleistung wird jedoch telefonisch über den KundenService sowie schriftlich abgewickelt. Auch die Betreuung der Vertriebspartner erfolgt hauptsächlich schriftlich. Wesentliche Touchpoints mit Kunden sind also die Korrespondenz und gedrucktes Informationsmaterial, wobei die Onlinekommunikation zunimmt. In all diesen Medien spielt die Sprache eine bedeutende Rolle. Verständlichkeit und Sprachstil tragen somit wesentlich zum Markenerlebnis der Versicherten bei.

Vorbereitungsphase

Abb. 6.2: Leuchtturm Verständlichkeit

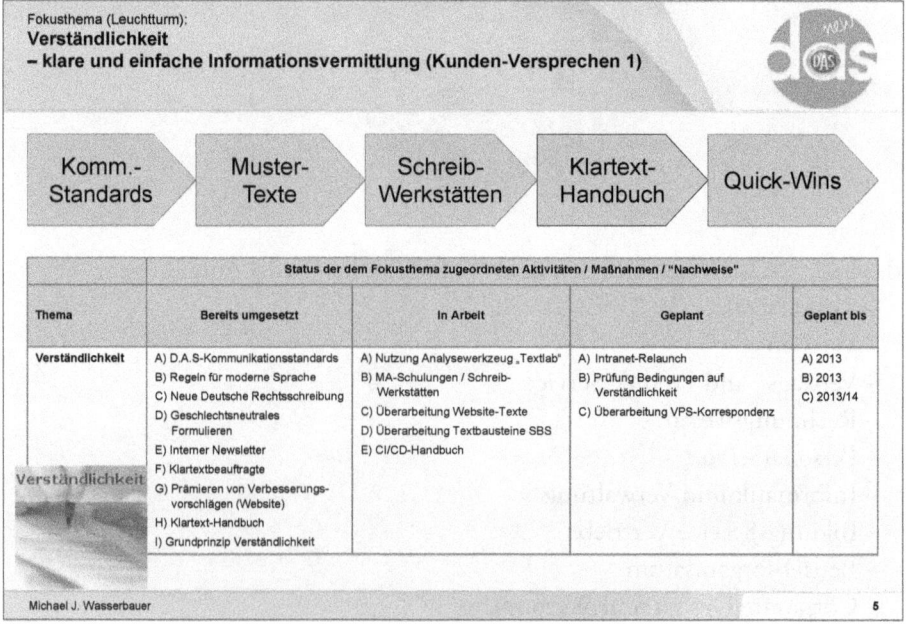

Quelle: D.A.S. Rechtsschutz AG, Michael J. Wasserbauer

Im Jahr 2010 startet der Vorstand der D.A.S. Österreich den Change-Prozess *New D.A.S.*. Als Stakeholder werden fünf Gruppen identifiziert: Kunden, Vertriebspartner, Mitarbeitende, Kapitalgeber und Gesellschaft. Den Stakeholdern werden 24 konkrete Versprechen gegeben. Davon betreffen fünf Versprechen die Kundinnen und Kunden. Eines der Versprechen wird als sogenannter *Leuchtturm* besonders fokussiert: Verständlichkeit (s. Abb. 6.2).

Daher rufen die beiden Vorstände der D.A.S., Johannes Loinger und Ingo Kaufmann, im März 2011 das Projekt *KlarText* ins Leben und ernennen Michael J. Wasserbauer, den Leiter der Betriebsorganisation, zum Change Agent. Dieser beauftragt Dunkl Corporate Identity als externen Partner für Verständlichkeit und unternehmenstypische Sprache. Ich werde sprachwissenschaftlich beraten von Manfred Glauninger und Stefan Winterstein. Glauninger lehrt und forscht am Institut für Germanistik an der Universität Wien und Winterstein ist Lektor an der Akademie der Wissenschaften.

Analysephase

In Abstimmung mit dem Change Agent und der Steuerungsgruppe analysiere ich mit meinem Team folgende identitätsstiftende Grundsatzpapiere der D.A.S.:
  – Leitbild
  – Kommunikationsstandards
  – Markenversprechen

Abb. 6.3: Das Leitbild der D.A.S.

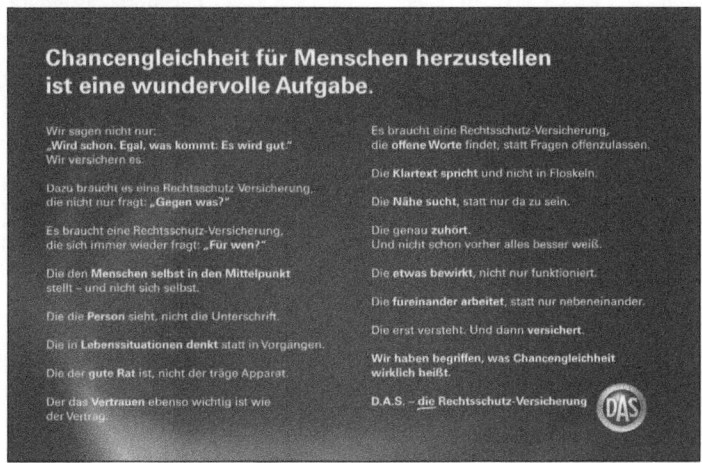

Quelle: D.A.S. Rechtsschutz AG

In diesen Manifesten finden sich Leitsätze und prinzipielle Regeln für das Verhalten und die Kommunikation der Mitarbeitenden (Corporate Behaviour und Corporate Communications).

D.A.S. Leitbild

Leitmotiv (Corporate Mission) der D.A.S. ist die Schaffung von Chancengleichheit (s. Abb. 6.3). Der Mensch steht im Mittelpunkt, als Versicherter und als Mitarbeitender. Weitere Kernwerte sind Rat, Vertrauen und Offenheit. „KlarText statt Floskeln" wird bereits im Leitbild eingefordert.

Abb. 6.4:
Info
Kommunikations-
standards
der D.A.S.

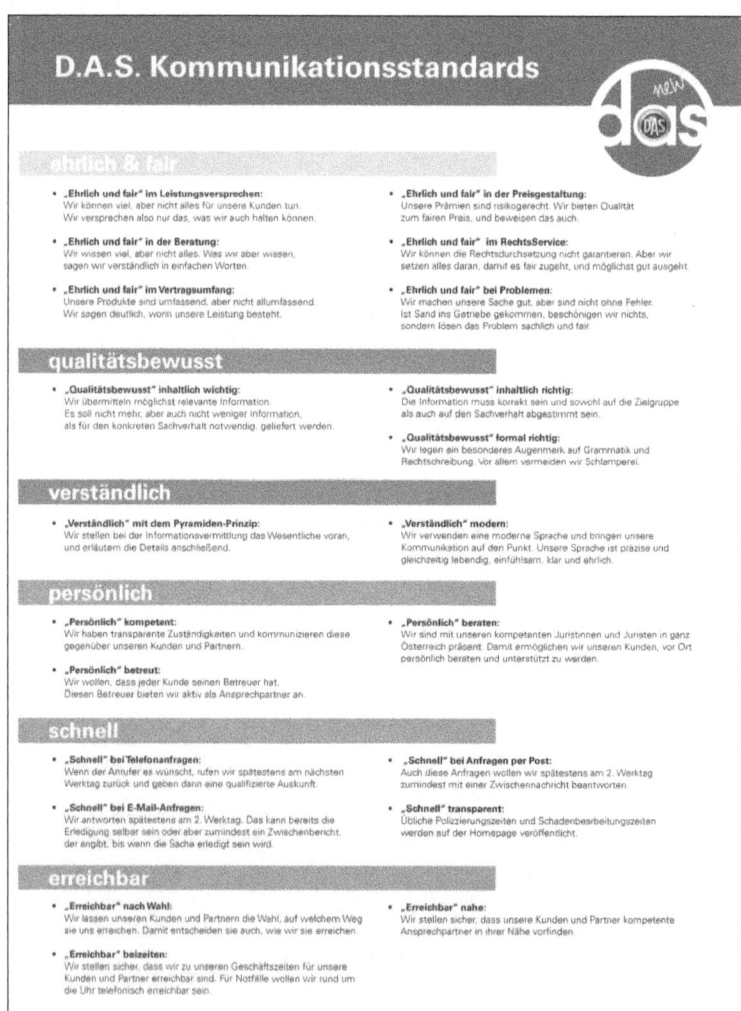

Quelle:
D.A.S.
Rechtsschutz AG

D.A.S. Kommunikationsstandards

Als erster Schritt werden im August 2011 die Kommunikationsstandards (s. Abb. 6.4) als grundlegende Prinzipien des Projekts *KlarText* vom Vorstand veröffentlicht. Sie finden sich in der Rubrik *Initiative Verständlichkeit* im Intranet und neue Mitarbeitende erhalten die Kommunikationsstandards im Rahmen ihres Startseminars.

D.A.S. Kundenversprechen

In der Broschüre „Kundenorientierung geht uns alle an" (s. Abb. 6.5) werden Versprechen an Kunden abgegeben. Alle Versprechen lassen sich als Grundlage für sprachliche Stilkriterien heranziehen.

Abb. 6.5:
Cover der Broschüre
D.A.S. Kundenorientierung

Quelle:
D.A.S. Rechtsschutz AG

Definitionsphase

Sprachstilebene

Nachdem alle Grundsatzpapiere auf sprachstilrelevante Aussagen untersucht worden sind, werden sie in Sprachstilkriterien umgesetzt. Aus den Kernaussagen im D.A.S. Leitbild lässt sich die grundsätzliche Sprachstilebene (S. 141) der D.A.S. ableiten: freundlich-sachlich.

Vier Wege zum KlarText

Danach werden vier Wege zum Erzielen einer verständlichen D.A.S. Sprache festgelegt:

- **Markenwerte und Kundenversprechen**
- **D.A.S.-Kommunikationsstandards**
- **Sechs Basisregeln für moderne Sprache**
- **Überzeugend formulieren**

Markenwerte

Aus jedem Markenwert lässt sich ein entsprechendes Sprachstilkriterium ableiten:

Markenwert:	*D.A.S. Sprachstilkriterium:*
Chancengleichheit	*Ermutigend, motivierend*
Klärung von Rechtsfragen	*Erklärend, begründend*
Lösungsorientierung	*Zielstrebig*
Partnerschaftlichkeit	*Unterstützend, wertschätzend*
Professionalität, Hochwertigkeit	*Juristische Fachbegriffe erklären*
Sicherheit	*Selbstsicher, souverän*

Kundenversprechen

Auch aus den Kundenversprechen ergeben sich entsprechende Sprachstilkriterien:

Kundenversprechen:	*D.A.S. Sprachstilkriterien:*
Sicherheit gewährleisten	*Kein Konjunktiv*
Individuelle Bedürfnisse	*Anliegen wiederholen*
Mensch im Mittelpunkt	*„Abholen, wo die Person steht"*
Zuhören, Kundenmeinung erforschen	*Fragen stellen, zwischen den Zeilen lesen*
Analysieren, umfangreich beraten	*Deutlich und klar ausdrücken*
Auf Augenhöhe mit Kunden	*Aus Kundensicht beschreiben*

D.A.S. Kommunikationsstandards

Aus den Kommunikationsstandards leiten sich ebenfalls Sprachstilkriterien ab:

Ehrlich und fair	*Nur versprechen, was man halten kann.*
	Verständlich und mit einfachen Worten schreiben.
	Deutlich die Leistung erklären.
	Qualität und faire Preise beweisen.
	Alles daransetzen, damit es fair/möglichst gut ausgeht.
	Probleme sachlich und fair lösen.

Qualitätsbewusst	*Nur relevante, notwendige Informationen liefern. Information auf Zielgruppe und Sachverhalt abstimmen. Grammatik und Rechtschreibung beachten.*
Verständlich	*Zuerst kommt die Grundbotschaft, später die Details. Moderne Sprache: kurz, klar, gegliedert, treffend.*
Schnell Erreichbar	*E-Mail-Antwort spätestens am zweiten Werktag. Korrespondenzpartner wählt eine Antwortmöglichkeit. (Signatur mit allen Kontaktmöglichkeiten!)*
Persönlich	*Zuständigkeit und Kompetenz ausdrücken. Persönliche Betreuung vor Ort anbieten.*

Sechs Basisregeln für moderne Sprache

Diese sechs Basisregeln im Projekt *KlarText* entsprechen den sechs Basisregeln für Verständlichkeit (vgl. 59 ff.). Sie werden direkt übernommen.

Überzeugend formulieren

Die Regeln für erfolgreiches Formulieren entsprechen den Regeln für die Empfängerorientierung aus dem Kapitel *Empfängerorientierung* dieses Buches (vgl. 100 ff.) und werden ebenfalls übernommen.

Corporate-Code-Marker

Der Begriff *Corporate-Code-Marker* (S. 145) wird im Jahr 2011 noch nicht verwendet. Ich habe dieses Instrument erst im weiteren Verlauf des *KlarText*-Projekts entwickelt. Corporate-Code-Marker sind die spezifischen Erkennungsmerkmale eines unternehmenstypischen Textes. So kann z. B. ein Marker festlegen, ob Fachausdrücke verwendet werden sollen, und ein anderer Marker kann vorgeben, ob genderneutral formuliert werden muss. Die Corporate-Code-Marker der D.A.S. werden am Ende dieses Kapitels, ab S. 215, wiedergegeben. Im Nachhinein kann der Einsatz von Corporate-Code-Markern als fünfter Weg zum *KlarText* bezeichnet werden.

Optimierungsphase

Im Sommer 2011 beginne ich, mit meinem Linguistenteam eine Auswahl von Texten aus allen Abteilungen zu optimieren. Wir überarbeiten E-Mails, Rundschreiben und Webtexte. Die Steuerungsgruppe und die betroffene Abteilungsleitung meldet ihre Korrekturwünsche bzw. genehmigt die Optimierungen.

Die restlichen Texte werden von abteilungsspezifischen Redaktionsteams optimiert. Dazu gehören auch die Texte, welche in den Schreibwerkstätten bearbeitet worden sind. Die *KlarText*-Beauftragte und ich nehmen an den abschließenden Redaktionssitzungen beratend teil. Die Optimierungsphase lässt sich nicht scharf von der nachfolgenden Implementierungsphase trennen, denn während die ersten Redaktionsteams mit ihrer Arbeit beginnen, müssen andere Mitarbeitende erst ihre Schreibwerkstatt besuchen.

Implementierungsphase

Kick-off-Veranstaltung

Bereits im Juni 2011 werden 70 Mitarbeitende aus allen Bundesländern zu einer halbtägigen Kick-off-Veranstaltung eingeladen. Vorgestellt wird der Change-Prozess *New D.A.S.* und die *Initiative Verständlichkeit*. Passend zum innovativen Anlass findet die Veranstaltung im avantgardistischen Wiener River-Side-Gebäude der Stararchitektin Zaha Hadid statt (s. Abb. 6.6).

Abb. 6.6:
Das „River-Side"-Gebäude von Zaha Hadid

Quelle: D.A.S. Rechtsschutz AG,

Nach Ansprachen der beiden Vorstandsdirektoren berichten die Projektleiter über ihre Ziele und Maßnahmen. An acht sogenannten Marktständen werden die fünf Stakeholder und die drei Fokusthemen, darunter die *Initiative Verständlichkeit*, präsentiert. Die Teilnehmenden erarbeiten sich die Themenfelder spielerisch in Form einer Rätselrallye, bei der Wissen über die Fokusthemen vermittelt wird und neue Ideen und Ansätze gesammelt werden.

An der Station *Verständlichkeit* dürfen die Teilnehmenden einen gut verständlichen und stilgerechten Mustertext „verhunzen". Die sechs Basisregeln für Verständlichkeit werden durch ihr Gegenteil humorvoll erlebbar gemacht, z. B. indem die Teilnehmenden unlesbare Schachtelsätze bilden, Verben in Nomen verwandeln und passiv statt aktiv formulieren.

Info-Veranstaltungen zum Grundprinzip Verständlichkeit
Ab September 2012 gibt es in der Zentrale sowie an den regionalen Standorten Info-Veranstaltungen, bei denen alle geplanten und bereits durchgeführten Schritte der *Initiative Verständlichkeit* vorgestellt werden. Dabei wird auch zum New D.A.S. Spiel eingeladen und ein Verständlichkeitsfilm, der auf Youtube abrufbar ist, präsentiert (https://www.youtube.com/watch?v=5zO5Cr4V7BA).

Am 1. November 2012 wird verständliche und klare Sprache per Vorstandsrundschreiben als Grundprinzip der D.A.S.-Kommunikation deklariert und das *KlarText*-Handbuch vorgestellt.

Schreibwerkstätten
Im Oktober 2011 werden die beiden ersten Schreibwerkstätten durchgeführt. Daran nehmen zwölf und neun Personen, hauptsächlich aus der mittleren Führungsebene, teil. Die Schreibwerkstätten dauern zwei Tage und finden in Schulungsräumen der D.A.S. in Wien statt. Inhalte, Ziele und Ablauf der beiden Trainingstage entsprechen dem im vorigen Kapitel beschriebenen Schema (S. 197).

Vom Herbst 2011 bis zum Frühjahr 2014 werden zwölf Schreibwerkstätten durchgeführt. 134 Personen erhalten eine *KlarText*-Schulung.

Redaktionsteams
Im Januar 2012 beginnt die Arbeit des Redaktionsteams aus dem *RechtsService*. Das Redaktionsteam bearbeitet die Optimierungsvorschläge aus den Schreibwerkstätten sowie die optimierten Texte aus dem Musterkorpus. Dazu kommen neue, bisher noch unbearbeitete Texte. Insgesamt liegen mehr als 250 Texte vor. Davon bleiben am Ende

des Optimierungsprozesses nur mehr ca. 180 Texte übrig. Ein positiver Nebeneffekt der Textoptimierungen ist also auch die Bereinigung des Textportfolios. Ich werde zur Endredaktion hinzugezogen. Zum Erscheinungstermin dieses Buches steht die Optimierungsarbeit des zweiten Redaktionsteams, diesmal jenes der Vertragsabteilung, kurz vor dem Abschluss.

KlarText-Beauftragte und Stabsstelle Unternehmenskommunikation

Im März 2012 wird die Stelle einer *KlarText*-Beauftragten geschaffen. Mitarbeitende können sich jetzt in allen Fragen des Schreibstils an ihre kompetente Kollegin, Katharina Waltner, wenden. Im Januar 2013 wird die Stelle *Unternehmenskommunikation* geschaffen. Verständlichkeit wird zur Linienaufgabe und die Leiterin *Unternehmenskommunikation*, Stephanie Scheubrein, übernimmt von Change Agent Wasserbauer die Koordination des Redaktionsteams des *VertragsService* und der Schulungs- und Beratungsaktivitäten von Dunkl Corporate Identity.

KlarText-Handbuch

Im Oktober 2012 erscheint das *KlarText*-Handbuch (s. Abb. 6.7). Es wird an alle Abteilungen verschickt und ist im Intranet als animierte PDF-Ansicht abrufbar (s. Abb. 6.8).

Abb. 6.7: „KlarText"-Handbuch als Ringordner

Foto: Martin Dunkl

Abb. 6.8: „KlarText"-Handbuch als animiertes PDF im Intranet

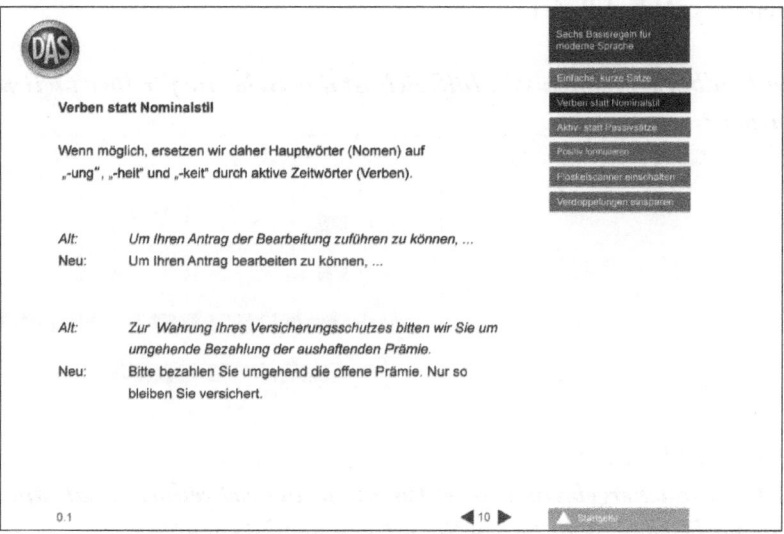

Quelle: Eigene Darstellung

Kontrollphase

Feedback

Am Ende jeder Schreibwerkstatt erhalten die Teilnehmenden einen Feedbackbogen, auf dem sie Schulnoten von 1 bis 5 für die Qualität der Vortragenden, des Inhalts, der Methoden und für die Rahmenbedingungen vergeben können. Der Rücklauf beträgt annähernd 100 % und die Noten bewegen sich zu Beginn des Projekts zwischen 1,1 und 2,0. Die letzten Schreibwerkstätten im Jahr 2013 werden mit Noten zwischen 1,0 und 1,5 beurteilt. Auch persönliche positive Kommentare und konstruktive Verbesserungsvorschläge werden vielfach gegeben.

Mitarbeiterbefragung

Im Herbst 2013 werden 121 Mitarbeitende, die an einer Schreibwerkstatt teilgenommen haben, befragt, wie sich das Schreiben nach *KlarText*-Regeln auf ihre tägliche Arbeit auswirkt. 63 Personen antworten in der Onlineumfrage.

Highlight der Ergebnisse ist die Zufriedenheit mit kurzen Sätzen und deren Wirkung. Mehr als die Hälfte der Befragten finden das Gelernte *sehr hilfreich* oder *hilfreich*. Direktes Feedback von Stakeholdern hat zwar nur ein Fünftel der Befragten erhalten, dieses ist dann aber überwiegend positiv. Ein Drittel der Befragten gibt an, bei jeder

Kommunikations- oder Korrespondenzaktivität auf das neu erworbene Wissen zurückzugreifen (s. Abb. 6.9–6.11).

Abb. 6.9: Feedbackergebnis: Wie hilfreich ist das Gelernte für Ihre tägliche Schreibarbeit?

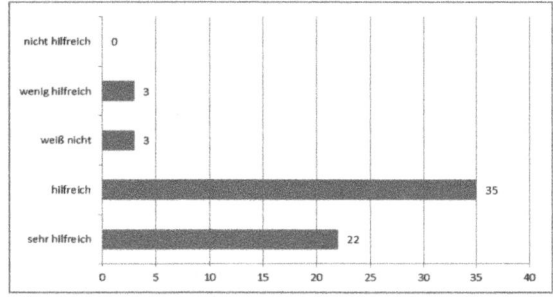

(D.A.S. Aktuell, März 2014)

Abb. 6.10: Feedbackergebnis: Was ist Ihnen aus der Schreibwerkstatt am besten in Erinnerung geblieben? Was haben Sie mitnehmen können?

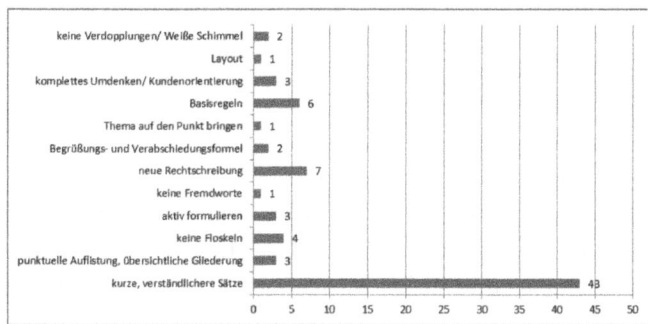

(D.A.S. Aktuell, März 2014)

Abb. 6.11: Bei welchen Gelegenheiten greifen Sie auf Ihr Wissen aus der Schreibwerkstatt, die Basisregeln und das „KlarText"-Handbuch zurück?

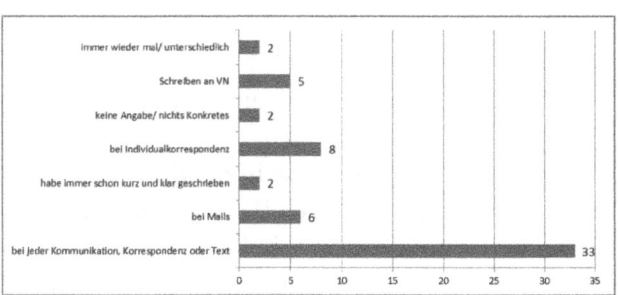

(D.A.S. Aktuell, März 2014)

Kundenbefragung

Alle drei Jahre führt die D.A.S. eine Kundenzufriedenheitsbefragung durch. Das Kundenmagazin *Konsulent* wird dabei im Jahr 2012 von 86 % als *verständlich* und *klar* bewertet. Im Vergleich dazu haben den Konsulent 2009 nur 76 % als *verständlich* und *klar* bewertet, im Jahr 2003 sogar nur 69 %.

Analysesoftware und Benchmark

Für die Analysesoftware TextLab, die zuvor bei der Optimierung der Schadenskorrespondenz getestet worden ist, erwirbt die D.A.S. Lizenzen für die jeweiligen Redaktionsteams. Der Benchmark für den Hohenheimer Verständlichkeitsindex wird bei 13 angesetzt (S. 199). Es zeigt sich, dass die Optimierungen der Redaktionsteams den Benchmark regelmäßig deutlich übertreffen.

Im Sommer 2014 prüft Dunkl Corporate Identity einen Testkorpus von 25 Textsorten mittels der Analysesoftware *TextLab*. Mit einem durchschnittlichen Hohenheimer Verständlichkeitsindexwert von 15,25 wird der Zielwert von 13 deutlich übertroffen. (Die meisten Vor-*KlarText*-*Texte* erzielten ursprünglich nur Werte zwischen 5 und 11.)

Interne Public Relations

Abb. 6.12:
Cover Mitarbeiterzeitung
„D.A.S. aktuell"

Quelle:
D.A.S Rechtsschutz AG

Mitarbeiterzeitung *D.A.S. aktuell*

Laufend berichtet *D.A.S. aktuell* über die *Initiative Verständlichkeit*. Im Frühjahr 2014 wird eine ganze Ausgabe des Mitarbeitermagazins dem Thema *Verständlichkeit* gewidmet (s. Abb. 6.12). Es wird detailliert über die erreichten Ziele und den geplanten Vorhaben informiert. Auch anschauliche Vorher-Nachher-Beispiele werden abgedruckt.

Abb. 6.13: Haftnotiz und Mousepad als Incentives

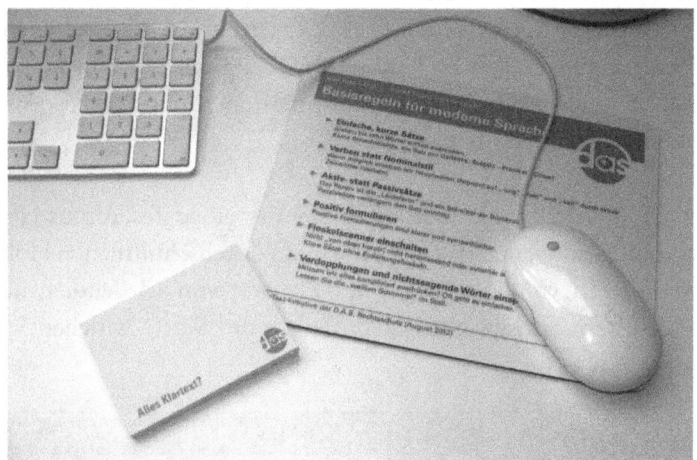

Foto: Martin Dunkl

Der Block mit Haftnotizzetteln (s. Abb. 6.13) erinnert täglich an die *Initiative Verständlichkeit*. Das Mousepad gibt Auskunft über die wichtigsten Verständlichkeitsregeln, und zwar dort, wo man sie braucht – beim Computer.

Externe Public Relations

Kundenmagazin D.A.S. Konsulent

Im Oktober 2011 wird die *Initiative Verständlichkeit* im Kundenmagazin vorgestellt (s. Abb. 6.14).

Eine Presseaussendung im November 2012 findet in den Fachmedien Beachtung.

Als weitere Kommunikationsmaßnahmen nach außen wird im November 2012 ein Video zum Thema *Verständlichkeit* auf Youtube veröffentlicht.

Abb. 6.14:
Cover
Kundenmagazin

Quelle:
D.A.S. Rechtsschutz AG

Klar Text-Prämie

Auch die Website wird nach den Verständlichkeitsregeln und den Sprachstilkriterien umformuliert. Als Erkennungszeichen werden die überarbeiteten Texte mit dem *Verständlichkeitszertifikat* ausgezeichnet: Ein kleiner türkiser Okay-Haken am Ende der Seite dient als Erkennungszeichen. Die Kunden und Kundinnen werden aufgerufen, Verbesserungsvorschläge für Webtexte zu schicken, die bereits mit dem Zertifikat ausgezeichnet sind. Wenn diese Vorschläge umsetzbar sind, bekommen sie für die Einreichung eine Prämiengutschrift von 50 Euro.

Die D.A.S. Corporate-Code-Marker

Im Laufe der Implementierungsphase habe ich die Sprachstilkriterien um den Begriff *Corporate-Code-Marker* erweitert. Die Methode selbst, nämlich unternehmenstypische Erkennungsmerkmale zu definieren, die hinter dem Begriff *Corporate-Code-Marker* steht, kam bereits in der Optimierungsphase zum Einsatz.

CCM 1 Firmenname

D.A.S. Rechtsschutz AG

– So lautet der Firmenname, wie er im Handelsregister eingetragen ist.
Dieser *Legal Name* muss in Verträgen und in der E-Mail-Signatur verwendet werden.

In jeglicher anderer Kommunikation lautet der Name:

Die D.A.S.

Dieser Brand Name wird in der Regel mit Artikel geschrieben, kann aber auch weggelassen werden:

Die D.A.S. setzt sich für das Recht ihrer Versicherten ein.

Oder:

Als D.A.S. setzen wir uns für das Recht unserer Versicherten ein.

CCM 2 Umschreibungen des Firmennamens

Die D.A.S. Österreich

Wir

Wir, als führender Spezialist im Rechtsschutz

Ihr Partner für Rechtsschutz

Ihr Rechtsschutzversicherer

CCM 3 Bezeichnungen für das Personal

Alle Personalbezeichnungen können mit dem Akronym D.A.S. kombiniert werden.
Die Komposita, die das Akronym D.A.S. enthalten, werden ohne Bindestrich geschrieben (*RechtsService* oder *D.A.S. RechtsService*).

Erfahrene Juristinnen und Juristen

Ihre Betreuerin, Ihr Betreuer

KlarText-Beauftragte

Partneranwälte

Rechtsberater

Rechtsschutz-Profis

RechtsschutzberaterIn

RechtsService

RechtsService-Team

VertragsService

VertragsService-Team

CCM 4 E-Mail-Signatur

Die Signatur wird (so wie der Mailtext) in der Schriftart *Arial Standard linksbündig* geschrieben.

Vorname Nachname	Dr. Maximilian Mustermann
Interne Vollmacht (z. B. Prokurist)	Handlungsbevollmächtigter
Funktion Abteilung	Leiter Musterabteilung
Tel.-Nr. mit DW	Tel. +43/1/404 64-1234
Fax-Nr.	Fax +43/1/404 64-5678
Optional Mobilnummer	Mobil +43/676 883 27-1234
vorname.nachname@das.at	maximilian.mustermann@das.at
Website	www.das.at
Firma	D.A.S. Rechtsschutz AG
Adresse	Hernalser Gürtel 17
	1170 Wien, Österreich

CCM 5 Claim
Der führende Spezialist im Rechtsschutz.

CCM 6 Slogan
Neben dem Claim gibt es keinen Slogan.

CCM 7 Fachsprache
Juristische Fachsprache unterstreicht die Kernkompetenz der D.A.S.. Manche Fachbegriffe sind weniger gut verständlich, sie können in Klammern erklärt werden. In der Verständlichkeits-Kontrollsoftware *TextLab* müssen sie auf die Whitelist (Liste der zulässigen Ausnahmen) gesetzt werden. Nicht alle juristischen Fachbegriffe dürfen blind übernommen werden. Wortmonster und selten verwendete Begriffe müssen verständlich umschrieben werden. Die folgende Liste zeigt nur eine Auswahl gebräuchlicher Fachbegriffe:

Antrag
Auflösung
Außergerichtlich
Beschuldigter
Beweislage
Deckung
Exekutionsverfahren
Fälligkeit
Forderung
Frist
Fristgerecht
Gegenseite
Gesamtstreitwert

Insolvenzverfahren
Klagsausdehnung
Klagseinschränkung
Konflikt
Kostendeckung
Kulanz
Kündigungsfrist
Laufzeit
Polizze
Prämie
Prämienfrei
Prozesskostenrisikoablöse
Rechtsfolgen
Rechtsschutzbedingungen
Rechtsunwirksam
Sachverhalt
Schadensverlauf
Schriftstück
Strafprozessordnung
Strafverfahren
Streitwert
Uneinbringlich
Verfahren
Verfahrenskosten

CCM 8 Jugendslang
Der Corporate Code von D.A.S. ist „erwachsen". Für jugendliche Zielgruppen wird kein spezieller Jargon verwendet.

CCM 9 Umgangssprache und geschriebene Mündlichkeit
In geschriebenen Texten ist Umgangssprache nur firmenintern und mit persönlich nahe bekannten Stakeholdern zulässig. Das Sprachstilniveau ist in diesen Fällen *freundschaftlich* bis *freundlich*.

CCM 10 Dialekt
Dialekt ist nicht zulässig.

CCM 11 Bezeichnungen für Produkte oder Dienstleistungen
Deckung

Die D.A.S. Leistungen
Kostenverzeichnis
KundenService Center
Schadenersatz
Unsere Dienstleistungen
Versicherungsfall
Versicherungsschutz
Wertgutschein

CCM 12 Bezeichnungen für Prozesse

Angebot stellen
Antrag annehmen/ablehnen
Außergerichtlich erledigen
Bedrohung abwehren
Beistand leisten
Beraten
Kosten übernehmen
Rechtliche Interessen wahrnehmen
Rechtsprobleme lösen
Versichert sein
Versicherungsschutz abschließen
Versicherungsschutz beurteilen
Versicherungsschutz bieten
Versicherungsschutz haben
Versicherungsschutz überprüfen
Versicherungsschutz vereinbaren
Vertrag ändern
Vertrag auflösen
Vertrag beenden
Vertrag verlängern
Vertreten

CCM 13 Bekenntnisse und Glaubenssätze

Auch in Zukunft sind wir gerne für Sie da.
Die D.A.S. ist immer in Ihrer Nähe.
Ihr Vertrauen in die D.A.S. Rechtsschutzversicherung schätzen wir sehr. Wir freuen
uns, auch in Zukunft der Partner für Ihr Recht zu sein.
Recht verständlich.
Rechtsschutz zahlt sich aus!

Wenn es um Ihr Recht geht, sind Sie bei uns richtig.

Wir freuen uns, wenn Sie mit den D.A.S. Leistungen zufrieden sind und uns weiterempfehlen.

Wir hoffen, dass Sie unser zufriedener Kunde bleiben!

CCM 14 Leistungsversprechen

Damit können Sie auch weiterhin von den zahlreichen D.A.S. Leistungen profitieren.

Der führende Spezialist im Rechtsschutz steht an Ihrer Seite.

Mit der D.A.S. haben Sie einen starken Partner in Rechtsfragen an Ihrer Seite und profitieren von unseren zahlreichen Leistungen.

Natürlich unterstützen wir Sie weiterhin in allen gedeckten Fällen.

Sie sind geschützt – mit Ihnen zu streiten lohnt sich nicht!

CCM 15 Fahnenwörter

Beratung
Chancengleichheit
Hilfe
Hochwertigkeit
Klärung
Lösungen
Nachhaltigkeit
Offenheit
Partner
Professionalität
Rat
Recht
Schutz
Sicherheit
Unterstützung
Vertrauen

CCM 16 Wortfeld Sicherheit

Fahnenwörter können bei Bedarf durch verschiedene Synonyme ersetzt werden, sogenannte Wortfelder.

Wortfeld Sicherheit, Teilfeld Schutz:

Abgeschirmt
Geborgen
Gefeit gegen

Geschützt
Gewappnet
In Sicherheit
Schutzschirm
Versicherung

Wortfeld Sicherheit, Teilfeld Lösung:
Bestimmt
Fest
Fix
Garantiert
Mit Sicherheit
Sich sicher sein
Stabil
Verlässlich
Versprechen
Vertrauen auf
Zählen auf

CCM 17 Hochwertwörter
Datenschutz
Datensicherheit
Europadeckung
Forderungsmanagement
Gesetzeslage
Kostendeckung
Mitversicherung
Rechtssicherheit
Risikowegfall
Sicherheitsnetz

CCM 18a Unerwünschte negative Begriffe

*Aushaftender Betrag	noch offener Betrag
*Beitrag	Prämie
*Polizzieren	Polizze ausstellen
*Rückäußerung	Antwort
*Verfahrenserledigung	Das Verfahren ist beendet
*Vertrag kündigen	Vertrag auflösen/beenden

CCM 18b Erwünschte negative Begriffe
(um Versicherungsschutz plausibel zu machen)

Bedrohung

Hohe Kosten

Hohes Kostenrisiko

Rechtsunsicherheit

Riskant

Schwierige Beweislage

Ungewisser Ausgang

Unklar

Unsicher

CCM 19 Begrüßungsformel

Die Standardbegrüßungsformeln der D.A.S. lauten:

Sehr geehrte Frau Müller bzw. *sehr geehrter Herr Müller*

Sehr geehrte Damen und Herren

Akademische Titel werden genannt und als Abkürzung geschrieben:

Sehr geehrte Frau Dr. Müller

CCM 20 Bezeichnungen für Adressaten

Versicherte, Versicherter

Versicherungsnehmerin, Versicherungsnehmer

Die Gemeinschaft aller Versicherten

Kundin, Kunde

CCM 21 Verabschiedungsformel

Die Verabschiedungsformel wird ohne Komma über den Namen gesetzt:

Freundliche Grüße

Je nach persönlichem Bezug ist auch die Verabschiedungsformel des Sprachstilniveaus freundschaftlich bis freundlich (CCM 9) einsetzbar:

Liebe Grüße

Herzliche Grüße

CCM 22 Postskriptum

Der Corporate Code der D.A.S. sieht kein fixes Postskriptum vor. Grundsätzlich dafür geeignet wären Glaubenssätze (CCM 13) oder Leistungsversprechen (CCM 14).

CCM 22 Siezen/Duzen

Geduzt werden nur Kolleginnen und Kollegen oder freundschaftlich verbundene Korrespondenzpartner. Das Sprachstilniveau ist dabei *freundschaftlich*. CCM 21 lautet entsprechend:

> *Liebe Grüße*

Kunden werden nicht geduzt, auch wenn eine jugendliche Zielgruppe angesprochen werden soll (vgl. CCM 8 und 9).

CCM 24 Wir/ich/man

Textproduzenten können zwischen der Bezeichnung *wir* und *die D.A.S.* nach persönlichem Ermessen wählen. Das Personalpronomen *ich* kann gewählt werden, wenn eine individuelle Verantwortung oder Leistung betont werden soll. Das Indefinitpronomen *man* wirkt unpersönlich und ist nicht zulässig.

CCM 25 Gendern

Ehrlich und fair bedeutet, Texte nicht nur in männlicher Form zu verfassen. *Chancengleichheit*, im Sinn des Leitbilds der D.A.S., beginnt bei der Sprache.

1. Umschreiben

> *Rechtsteam, Vertragsabteilung, Service, Kanzlei*

2. Binnen-I

> *MitarbeiterIn, VersicherungsnehmerIn, AnwältIn, StudentIn*

3. Gender-Vollform (Paarform)

Nur bei Begrüßung und Stelleninseraten (erst weibliche, dann männliche Form):

> *Kolleginnen und Kollegen, Juristin oder Jurist*

4. Substantiviertes Partizip

Falls möglich:

> *Mitarbeitende, Versicherte, Studierende*

5. Plural oder direkte Anrede

> *Neue Selbständige,*
> *als Versicherte nutzen Sie ...* (anstatt „Wir empfehlen unseren Kunden ...")

6. Nicht gendern,

wenn die Funktion, aber nicht einzelne Personen gemeint sind (im Zweifelsfall jedoch gendern!):

Juristen sind genau.
Bürgernähe statt Amtsdeutsch.
Anbieter von Waren und Dienstleistungen.
Franzosen lieben Käse.

7. Nicht gendern
bei zusammengesetzten Hauptwörtern:
Empfängerperspektive, Bürgerbefragung, Anwaltskanzlei

CCM 26 Typografie und Layout
Die Korrespondenzschrift der D.A.S. ist *Arial Standard*. Hervorhebungen werden fett geschrieben.

CCM 27 Interpunktion
Ausrufezeichen müssen sparsam eingesetzt werden, also nur dort, wo mit Nachdruck auf etwas hingewiesen werden soll. Aber die Einleitung nebst Doppelpunkt *Bitte beachten Sie:* oder *Achtung:* verleiht bereits genügend Nachdruck.
Bitte beachten Sie: Erst wenn Sie Ihren Beitrag gezahlt haben ...
Achtung: Wir müssen Mahnklage gegen Sie einbringen,...

Fragezeichen haben eine aktivierende Wirkung und sorgen für kurze Sätze:
*Wenn noch weitere Fragen offen sind, dann ...
Sind noch Fragen offen? Dann ...

Grundsätzlich muss mit Doppelpunkt, Ausrufezeichen und Fragezeichen sparsam umgegangen werden.

Vorher-Nachher-Beispiele

Im Folgenden sind Beispiele für überarbeitete Texte aus dem D.A.S. RechtsService wiedergegeben. Der Wert des Hohenheimer Verständlichkeitsindex ist dabei deutlich besser als die jeweilige Ursprungsversion. Der zu erzielende D.A.S. *KlarText*-Benchmark beträgt 13.

Vorher:	*Sie haben sich mit Ihrem Rechtsproblem an die D.A.S. gewandt. Wir möchten Ihnen natürlich gerne helfen.*
	Nach Ihrer Mitteilung ist das Fahrzeug mit dem Kennzeichen XY betroffen. Dieses scheint aber in unseren Vertragsunterlagen bisher nicht auf. Sollte ein Fahrzeugwechsel oder eine Änderung im Fuhrpark erfolgt sein, bitten wir Sie, die beiliegende Veränderungsmeldung ausgefüllt an uns zurückzusenden. Dafür liegt ein Antwortkuvert bei.
	Bitte beachten Sie die Pflichten zur Sicherung des Deckungsanspruchs (Obliegenheiten) im beiliegenden Merkblatt. Wir stehen Ihnen natürlich gerne für Fragen zur Verfügung.
	(Hohenheimer Index: 14,05)
Nachher:	*Vielen Dank für Ihr Schreiben.*
	Wir unterstützen Sie gerne. Dazu benötigen wir weitere Informationen. Das Fahrzeug mit dem Kennzeichen XY scheint ist in unseren Vertragsunterlagen bisher nicht auf. Haben Sie das Fahrzeug gewechselt oder Ihren Fuhrpark geändert?
	Bitte teilen Sie uns das alte und auch das neue Kennzeichen mit. Nennen Sie uns auch das Datum, an dem Sie das Fahrzeug umgemeldet haben.
	Haben Sie Fragen? Wir sind gerne für Sie da.
	(Hohenheimer Index: 19,17)
Vorher:	*Kostendeckung besteht grundsätzlich für das Gerichtsverfahren. Die abschließende Beurteilung des Versicherungsschutzes erfolgt erst nach Vorliegen einer Klage und der Bestreitungsgründe.*

Wir übernehmen vorprozessuale Kosten bis EUR 1.400,- wenn der Rechts-schutzfall außergerichtlich erledigt wird und Mediation nicht in Anspruch genommen wurde.
(Hohenheimer Index: 4,24)

Nachher: *Ist der Weg zu Gericht notwendig? Wir prüfen den Versicherungsschutz da-für, sobald uns Klage und Gegenargumente vorliegen.*

Wir übernehmen jedenfalls Kosten bis EUR 1.400,- wenn
• der Fall endgültig außergerichtlich erledigt wird und
• keine Mediation erfolgt.
(Hohenheimer Index: 14,06)

Vorher: **Aufgrund der unsicheren Beweislage und des geringen Streitwerts halten wir einen Prozess für riskant und wirtschaftlich wenig sinnvoll. Um un-serem Versicherungsnehmer ein unangenehmes und zeitaufwendiges Gerichtsverfahren zu ersparen, wollen wir Ihnen einen Vorschlag unter-breiten:*

Wir möchten unserem Versicherungsnehmer eine Prozesskostenablöse in Höhe von EUR 500,- anbieten. Über diesen Betrag könnte er sofort ver-fügen! Bisher angefallene Vertretungskosten werden natürlich von uns getragen.

Bitte besprechen Sie unser Anbot mit Ihrem Mandanten. Wenn er damit einverstanden ist, senden Sie uns bitte das beigelegte Formular ausgefüllt und unterschrieben zurück, damit wir die Überweisung durchführen können.

Wir bitten um Ihre Stellungnahme.
(Hohenheimer Index: 10,49)

Nachher: *Vielen Dank für Ihr Schreiben vom 05.09.2014.*

Ein Prozess kostet beiden Seiten Zeit und Nerven. Weil wir allen Beteiligten die Unannehmlichkeiten ersparen möchten, machen wir folgenden Vorschlag:

Wir bieten unserem Kunden eine Ablöse von EUR 500,- an. Dieser Betrag ist sofort verfügbar. Auch bisher entstandene Vertretungskosten übernehmen wir.

Bitte besprechen Sie unser Angebot mit unserem Kunden. Sollte er damit einverstanden sein, senden Sie uns bitte das Formular ausgefüllt und unterschrieben zurück.

Nachdem wir die Abfindungserklärung erhalten haben, überweisen wir das Geld in den nächsten Tagen.
Bitte informieren Sie uns jedenfalls, ob das Angebot angenommen wird.
(Hohenheimer Index: 17,14)

Vorher: *Im Hinblick auf die zuletzt geführte Korrespondenz gehen wir davon aus, dass das Verfahren noch anhängig ist und werden den Akt auf ein Jahr weiterkalendieren, sollten wir keine anderslautende Mitteilung erhalten.*
(Hohenheimer Index: 10,26)

Nachher: *Danke für Ihren bisherigen Einsatz.*
Bitte informieren Sie uns, ob das Verfahren noch läuft.
Wenn wir keine Nachricht erhalten, werden wir uns nach einem Jahr wieder bei Ihnen melden.
(Hohenheimer Index: 19,91)

Ende 2014 beendet auch das Redaktionsteam des D.A.S. VertragsService seine Optimierungsarbeit.

Auch die Texte der D.A.S. Website wurden optimiert. Die folgende Optimierung unterschreitet zwar den Benchmark für Briefe, aber es handelt sich um einen Fachtext, bei dem juristische Fachbegriffe unvermeidlich sind. Immerhin konnte der Hohenheimer Verständlichkeitsindex von ursprünglich 1,54 auf 10,07 verfünffacht werden!

Vorher: ***Vorzugspfandrecht - wenn einer nicht zahlt***
Die Verwaltung ist verpflichtet, ausständige Zahlungen einzumahnen, bei Erfolglosigkeit muss die Verwaltung im Namen der Eigentümergemeinschaft binnen 6 Monaten ab Fälligkeit des Rückstandes gegen den säumigen Wohnungseigentümer Klage einbringen. Zusammen mit der Klage kann die Eintragung eines Vorzugspfandrechtes (wird grundbücherlich eingetragen, schützt die Forderungen der Eigentümergemeinschaft im ersten Rang)

begehrt werden. Voraussetzung ist die Einbringung innerhalb der 6-Monats-
Frist.
(Hohenheimer Index: 1,51)

Nachher: **Wenn ein/e MiteigentümerIn nicht zahlt**
Zahlt ein/e WohnungseigentümerIn seine/ihre Betriebskosten nicht, muss die
Hausverwaltung mahnen.
Wenn er/sie trotzdem nicht zahlt, bringt die Hausverwaltung – im Namen
der anderen WohnungseigentümerInnen – innerhalb von 6 Monaten ab
Fälligkeit Klage ein.
Zusammen mit der Klage kann die Hausverwaltung beantragen, dass im
Grundbuch ein Vorzugspfandrecht eingetragen wird. Das Vorzugspfandrecht
sichert die Forderungen der Eigentümergemeinschaft.
(Hohenheimer Index: 10,07)

Nominierung zum Österreichischen Staatspreis für PR

Das Fallbeispiel „*KlarText* – die Initiative Verständlichkeit der D.A.S." wurde 2014 für
den Österreichischen Staatspreis für PR nominiert.

Quellenverzeichnis

Bandler R, Grinder J (2011) Metasprache und Psychotherapie – Die Struktur der Magie, Teil 1. Junfermann, Paderborn

Bayerisches Staatsministerium des Inneren (2008): Freundlich, korrekt und klar – Bürgernahe Sprache in der Verwaltung. München

Birkigt K, Stadler MM, Funk HJ (1998): Corporate Identity. Moderne Industrie, Landsberg

Bundeskanzleramt Österreich (1990): Handbuch der Rechtssetzungstechnik, Teil 1: Legistische Richtlinien. Wien

Bundesministerium für Arbeit, Soziales und Konsumentenschutz (2008): UN-Konvention. Wien

Burger H (1998): Phraseologie. Erich Schmidt, Berlin

Casemir K, Fischer C (2013): Deutsch. Primus, Darmstadt

Deutscher G (2010): Im Spiegel der Sprache. Beck, München

Domizlaff H (2005): Die Gewinnung des Öffentlichen Vertrauens. Marketing Journal

Dudenredaktion (2006): Duden – Die deutsche Rechtschreibung. Mannheim, Leipzig, Wien, Zürich

Dunkl M (2011): Corporate Design Praxis. LexisNexis, Wien

Flesch R (1955): Why Johnnny can't read – and what you can do about it. Buccaneer Books, New York

Förster H-P (1994): Corporate Wording®, Konzepte für eine unternehmerische Schreibkultur. Campus, Frankfurt/Main

Förster H-P (2001): Corporate Wording®– das Strategiebuch. Frankfurter Allgemeine Buch, Frankfurt

Galliker M, Klein M, Rykart S (2007): Meilensteine der Psychologie. Kröner, Stuttgart

Garantini S (2013/2014): Geschlechtergerechte Sprache in der Wahrnehmung unterschiedlicher Generationen. Proseminararbeit Sprachwissenschaft. Lehrveranstaltung: Variationspragmatik (Doz. Mag. Dr. Manfred Glauninger). Universität Wien, Institut für Germanistik. Wintersemester.

Gauger H-M (1995): Über Sprache und Stil. Beck, München

Göttert K-H (2013): Abschied von Mutter Sprache – Deutsch in Zeiten der Globalisierung. Fischer, Frankfurt/Main

Hartig M (1998): Soziolinguistik des Deutschen. Weidler, Berlin

Janich N (Hrsg) (2012): Handbuch der Werbekommunikation. Narr/Francke/Attempto, Tübingen

Janich N (2013): Werbesprache. Ein Arbeitsbuch. Narr/Francke/Attempto, Tübingen

Kastens IE (2008): Linguistische Markenführung. Lit, Berlin

Kessel K, Reimann S (2012): Basiswissen Deutsche Gegenwartssprache. Narr/Francke/Attempto, Tübingen

Klemperer V (2010): LTI. Philipp Reclam jun., Stuttgart

Kurz J (2010): Stilistik für Journalisten. Springer VS, Wiesbaden

Land Steiermark (2011): Legistisches Handbuch. Graz

Löffler H (1994): Germanistische Soziolinguistik. Erich Schmidt, Berlin

Österreichische Bundesforste AG (2011): Folienpräsentation „Re-Wording der wichtigsten Forst-Fachbegriffe". Wien

Reins A (2006): Corporate Language. Herrmann Schmidt, Mainz

Rosenberg MB (2002): Gewaltfreie Kommunikation: Aufrichtig und einfühlsam miteinander sprechen. Junfermann, Paderborn

Sauer N (2002): Corporate Identity in Texten – Normen für schriftliche Unternehmenskommunikation. Logos, Berlin

Schneider W (2007): Deutsch!. Rowohlt, Reinbek

Schulz von Thun F (2002): Miteinander reden: Kommunikationspsychologie für Führungskräfte. Rowohlt Taschenbuch, Reinbek

Schweiger G, Schrattenegger G (2009): Werbung. UTB Lucius & Lucius, Stuttgart

Thieme S (2013) in: Jura Journal 1/2013, München

Tiefenthaler M (2013): Mikrotypografie. Skriptum Höhere Bundes-Lehr- und Versuchsanstalt, Wien

Tonn A (2014): Zeugenladung mit wichtigen allgemeinen Hinweisen. Niedersächsisches Justizministerium, Hannover

Übereinkommen der vereinten Nationen über die Rechte von Menschen mit Behinderungen – erklärt in Leichter Sprache (2011), Wien

Vogel K (2012): Corporate Style, Springer VS, Wiesbaden

Wahrig Deutsches Wörterbuch (2011). Wissenmedia, Gütersloh

Wahrig Synonymwörterbuch (2013). Wissenmedia, Gütersloh

Zaimoglu F (1998): Kanak Sprak – 24 Mißtöne vom Rande der Gesellschaft. Rotbuch, Hamburg

Internetquellen:

http://de.wikipedia.org/wiki/Code, 25.08.2014

http://www.markentechnik.ch/de/marke_leistung/marke_methode_instrument/mar
ke_genetisch_code.php, 30.12.2013

http://de.wikipedia.org/wiki/Lippincott#cite_note-2, 30.12.2013

http://www.gesetze-im-internet.de/bgb/__2050.html, 01.04.2014

http://www.duden.de/suchen/dudenonline/leserlich, 06.04.2014

http://de.wikipedia.org/wiki/Hamburger_Verständlichkeitskonzept, 01.04.2014

http://de.wikipedia.org/wiki/Lesbarkeitsindex, 20.10.2014

https://www.uni-hohenheim.de/politmonitor/methode.php, 01.12.2014

http://www.bk.admin.ch/themen/lang/04921/05462/index.html?lang=de, 05.04.2014

http://www.inclusion-europe.com/etr/en/european-logo, 01.04.2014

http://www.leichtesprache.org/, 01.04.2014

http://de.wikipedia.org/wiki/Adolph_Freiherr_Knigge,11.05.2014

http://de.wikipedia.org/wiki/Gender-Mainstreaming, 11.05.2014

http://de.wikipedia.org/wiki/Obliegenheit, 16.07.2014

http://de.wikipedia.org/wiki/Pr%C3%A4judiz am 16.09.2014

http://www.schwabenkoffer.com/ 21.07.2014

http://de.wikipedia.org/wiki/Veränderungsmanagement, 24.07.2014

https://www.youtube.com/watch?v=5zO5Cr4V7BA